TRAITÉ

SUR LA CULTURE DU MURIER

ET

SUR L'EDUCATION DU VER-A-SOIE.

TRAITÉ

SUR LA CULTURE DU MURIER

ET

SUR L'ÉDUCATION DU VER-A-SOIE,

OUVRAGE RÉDIGÉ D'APRÈS LES MEILLEURS ÉDUCATEURS ET UNE EXPÉRIENCE DE LONGUES ANNÉES,

PAR DELEUZE DE LANCISOLLE,
PROPRIÉTAIRE ET ÉDUCATEUR.

ALAIS,
DE L'IMPRIMERIE DE J. MARTIN.

1846.

Aux habitans des Cevennes.

MESSIEURS,

La culture du mûrier et l'éducation du ver-à-soie forment aujourd'hui la plus considérable, la plus délicate des industries agricoles. Permettez-moi de vous adresser ce petit ouvrage que m'a inspiré le goût de vos précieux travaux : vous m'honorerez, en l'acceptant, de la plus douce récompense à laquelle je puisse aspirer.

Je suis avec le plus profond respect,

Messieurs,

Votre très humble et très obéissant serviteur,

DELEUZE DE LANCISOLLE.

AVERTISSEMENT.

A Dieu ne plaise qu'en publiant ce volume, je croie remplir la condition qu'on doit naturellement exiger de l'homme qui livre ses idées au public, celle de les exprimer en un langage toujours convenable et pur. Ma langue habituelle, à moi, c'est celle de nos bons habitans des Cevennes. Je demande donc au lecteur une extrême indulgence pour mon style ; il ne l'aurait assurément jamais connu, si je m'étais arrêté à la crainte que je devais ressentir à ce sujet, si je n'avais cru devoir obéir avant tout au désir d'être utile à mes compatriotes. Je compte déjà bien des années, et le seul titre dont je veuille me prévaloir, c'est l'expérience que les années donnent toujours à celui qui apporte une volonté consciencieuse et forte à étudier et à observer la nature. L'expérience donc, voilà ma science, voilà mon droit à être lu de ceux à qui je m'adresse.

Ce petit ouvrage comprend à la fois et l'art d'élever

les vers-à-soie et l'art de cultiver le mûrier. Je n'ai pas dû séparer ces deux objets, car, la feuille de mûrier étant la seule pâture qui convienne à ce précieux insecte auquel nous devons nos plus riches étoffes, le progrès de l'une de ces industries est intimement lié au développement de l'autre. Mon livre intéresse par suite un très grand nombre de personnes, la production de la soie étant la principale source de l'aisance et de la richesse de nos contrées. Il s'adresse tout ensemble aux propriétaires cultivant ou non leurs propriétés, et aux éducateurs de vers-à-soie.

J'ai étudié longtemps et par des expériences multipliées les soins que réclame le mûrier. J'ai fait bien des plantations de cet arbre généreux, dans des terrains de températures bien diverses, et jusqu'au sommet des montagnes d'où les influences atmosphériques sembleraient devoir le bannir. Je crois donc mes indications assises sur des faits à l'abri de toute contestation.

Quant à la réussite de l'éducation des vers-à-soie, j'ai fait de nombreuses applications de tous les procédés indiqués par les plus célèbres cultivateurs de France et d'Italie; j'ai comparé toutes les méthodes en elles-mêmes et dans leurs résultats, et je dois dire que mes longues et laborieuses recherches ont déterminé en bien des points ma préférence pour les principes posés par l'illustre comte italien Dandolo. La récolte des cocons était avant lui infiniment casuelle et peu abondante; ses conseils ont influé de la manière la plus efficace et la plus heureuse sur cette précieuse industrie au sort de laquelle sont liées tant de fabrications importantes. Je me suis, en conséquence, fait un devoir de reproduire toutes celles des pratiques recommandées par ce bienfaisant auteur, qui ont reçu depuis la sanction du temps.

En un mot, je n'ai rien négligé de tout ce que m'ont enseigné mes lectures et mes efforts personnels, et c'est le fruit des unes et des autres que je viens offrir à mes compatriotes, aux habitans de nos chères Cevennes, mû que j'ai été, je le répète, par la seule ambition de contribuer à l'accroissement de leur bien-être, de leur bonheur.

L'ART

DE CULTIVER LES MURIERS

DANS LES CLIMATS FROIDS.

CHAPITRE I.

INTRODUCTION HISTORIQUE A LA CULTURE DU MURIER.

Le mûrier paraît avoir eu pour berceau la partie septentrionale de la Chine. La culture et l'éducation du précieux ver auquel son feuillage est spécialement destiné, les moyens de convertir en soie et en tissu le produit de cet admirable insecte ont été connus dans cette partie du globe dès la plus haute antiquité. Cet arbre s'étendit de proche en proche dans diverses contrées d'Asie. On trouve des notices écrites d'après lesquelles il est certain qu'on y élevait les vers-à-soie 2700 ans avant l'ère chrétienne.

Cette utile importation, que ses grands avantages auraient dû faire rapidement étendre dans toutes les provinces méridionales de l'Europe, resta plus de 600 ans l'exclusive propriété des Grecs; ensuite de la Grèce elle fut introduite à Constantinople, en Sicile, dans le comtat Venaissin, la Provence, Montélimart, le Languedoc, et de ces derniers lieux dans les Basses Cevennes où l'introduction de ce riche végétal continua à s'étendre d'une manière étonnante surtout dans le riche et beau sol d'Alais, d'Anduze, de St.-Hippolyte-du-Fort, de Ganges et autres lieux circonvoisins également propres à la prospérité de cette utile importation, puis elle pénétra dans divers lieux des Hautes Cevennes.

CHAPITRE II.

DES DIVERSES ESPÈCES DE MURIERS, Y COMPRIS LE MURIER NOIR.

Ainsi que je l'ai dit précédemment, l'art d'élever le ver-à-soie étant lié intimement à celui de cultiver le mûrier dont la feuille a seule la propriété de le nourrir, j'ai cru être utile en faisant connaître à mes concitoyens les différentes qualités de feuilles et leur mode d'agir dans le corps de ces petits insectes.

Comme la prospérité du ver-à-soie dépend de la bonne qualité de la feuille dont il est nourri, la finesse de la soie dépend aussi du bon ver-à-soie : ce dernier n'étant en quelque sorte qu'une machine pour extraire la soie de la feuille; d'où il résulte conséquemment que si cet insecte ne mange pas de la feuille fine, soyeuse, la raison apprend qu'il est impossible d'en extraire une chose qui n'y existe pas; mais lorsqu'il est nourri avec de la feuille renfermant beaucoup de substances résineuses ou soyeuses, quoiqu'il ne devienne pas si gros, il peut filer un cocon fort, bien garni et de première qualité ; mais si au contraire il ne mange que des feuilles grasses, épaisses contenant beaucoup de substances nutritives et peu résineuses ou soyeuses, le ver ne laisse pas de grossir, mais dans ce cas il ne peut filer qu'un cocon faible, légèrement garni et de mauvaise qualité. Voilà ce qui est cause que beaucoup de magnaguiers sont notablement trompés dans leur attente.

Comme les différentes qualités de feuille de mûrier influent très éminemment à la prospérité des vers-à-soie, sous le rapport des cinq substances qu'elles renferment, ainsi que nous allons le décrire, ces cinq substances différentes dans la feuille de mûrier consistent :

1° Dans le parenchyme solide ou substance fibreuse; 2° la matière colorante; 3° l'eau; 4° la matière sucrée; 5° la matière résineuse.

La substance fibreuse, la matière colorante et l'eau, si on excepte celle qui sert à faire partie de l'animal, ne sont pas, à proprement parler, nutritives pour le ver-à-soie.

La matière sucrée est celle qui nourrit l'insecte, le fait grossir et forme sa substance animale.

La matière résineuse est celle qui se sépare par degrés de la feuille, et qui, attirée par l'organisme animal, s'accumule, se dépure et remplit insensiblement les deux réservoirs ou vases soyeux qui font partie intégrante du l'insect.

La meilleure feuille qu'on puisse donner aux vers-à-soie est celle du mûrier planté dans des lieux élevés, exposés au vent froid et sec, et dans des terres légères : elle donne en général une soie abondante, forte, très pure et de très belle qualité.

La feuille de ce même arbre planté dans des lieux humides, en plaine, dans des terres grasses donne un peu moins de soie, encore est-elle moins belle et moins pure.

Une autre principale cause qui influe le plus sur la finesse de la soie est le degré de température dans lequel le ver-à-soie est élevé.

L'expérience a aussi démontré que le vieux mûrier produit toujours une feuille meilleure que le jeune. Bien plus, à mesure que les mûriers, de quelque qualité qu'ils soient, vieillissent, la feuille devenant toujours plus petite, s'améliore tellement que le ver s'en nourrit très bien.

La plus mauvaise feuille qu'on puisse tirer du mûrier,

et qui est toujours funeste aux vers-à-soie, est celle qui est couverte de manne, altération qui provient d'une maladie ou d'un excès de santé de l'arbre.

La feuille tachée de rouille ne fait point de mal au ver; on voit une grande quantité de mûriers attaqués de cette maladie, particulièrement lorsqu'ils sont dans des terrains humides ou dans des lieux peu aérés, le ver mange cette feuille comme celle qui est intacte : la seule différence qu'il y a c'est qu'il ne mange que la partie saine, évitant soigneusement celle qui est rouillée.

N'ayant d'autre désir que celui d'indiquer aux magnaguiers les moyens de cultiver l'arbre le plus précieux que nous ayons dans toute l'étendue des Cevennes, arbre dont le riche produit rapporte trois fois autant que les autres productions de nos montagnes, je vais signaler quelles sont les espèces de feuilles qui influent le plus efficacement à la réussite du précieux insecte fileur :

Le Sauvageon. — On appelle ainsi tout mûrier venu de graine. La feuille qu'il produit, de beaucoup supérieure à celle des mûriers greffés qui ne sont néanmoins que des variétés de cette immense espèce, est en général petite, mince et fortement échancrée.

Le mûrier sauvage donne moins à la fois que le mûrier greffé, mais dure davantage.

Le Mûrier franc. — Ce mûrier qui, par l'effet de la greffe, acquiert le nom de *franc*, n'est comme je l'ai dit qu'un sauvageon à plus larges feuilles ; il en existe un grand nombre de variétés :

1° Le Murier rose. — Sa feuille la moins parenchymateuse et la plus gommo-résineuse est faiblement pétiotée, ovale, lisse des deux côtés, peu découpée et terminée par une pointe aiguë. De toutes les feuilles franches c'est incontestablement la meilleure, M. Pituro dit que le *ver-à-soie s'en nourrit avec autant d'avidité que d'avantage*, et Thomé assure qu'il résulte de ses expériences que c'est celle qui, par ses qualités, se rapproche le plus du sauvageon.

2° Le Murier d'Espagne. — Ce mûrier, apporté par les Maures dans le royaume dont il porte le nom, donne une feuille plus grande, plus épaisse et d'un vert plus foncé que le précédent. Cette variété est elle-même subdivisée en plusieurs espèces ; il en est une que le célèbre Dandolo vante beaucoup : le mûrier à feuilles doubles ou à flocs, ainsi nommé parce qu'il offre toujours au-dessous d'une feuille assez grande, deux feuilles de moindre dimension ; dans cette sous-variété le fruit en très grand nombre ne mûrit que bien rarement.

3° Murier de Toscane. —Cette variété, que M. Bosc nomme *reine bâtarde*, produit une mûre noire, une feuille dentelée et deux fois plus large que la rose. M. Madiol la dit supérieure aux variétés précédentes, mais le comte Dandolo n'est pas de cet avis.

4° Murier de la Cochinchine. — Ce mûrier, que quelques propriétaires ont déjà introduit en France, a de très larges feuilles : voilà tout ce qu'on peut en dire encore de plus flatteur, et toutefois je ne pense pas que cet avantage lui assigne un rang bien distingué dans notre agriculture.

5° Murier de Pavie. — Cette variété qui a plusieurs traits de ressemblance avec la précédente, et que nous devons au célèbre *Moretti*, conservateur du jardin botanique de Pavie, qui l'a trouvée en 1816 et conservée par la greffe, produit une feuille de 22 à 24 cen^tres (8 à 9 pouces), ovale ou cordiforme, terminée par une pointe aiguë, lisse des deux côtés, d'un beau vert luisant et beaucoup moins épaisse que celle du mûrier d'Espagne : M. Moretti la dit éminemment soyeuse ; son fruit, d'un violet-clair, se fane en mûrissant.

6° Murier de Constantinople. — Ce mûrier est commun en Turquie et en Grèce, ses feuilles sont luisantes et en touffes, son fruit est solitaire et d'un très beau blanc. M. Loiseleur-Deslongchamps assure que 100 cocons de vers-à-soie nourris avec la feuille de cet arbre pesaient trois gros de plus qu'un pareil nombre provenus de vers également soignés, mais nourris avec toute autre variété de feuille.

7° Murier rouge ou de Virginie. — Comme son nom l'indique, cet arbre nous est venu de l'Amérique du Nord, ses feuilles grandes, oblongues, rudes et cordiformes, ne sont guère du goût des vers-à-soie, et si j'en parle c'est pour engager mes lecteurs à le laisser loin de nos champs.

8° **Murier des Philippines.** — Ce mûrier qu'on a vanté si étrangement, et qui peut être très bon où il a été pris, ne vaut rien parmi nous : il est si précoce que les gelées printanières nous le rendront toujours inutile ; sa feuille est si large et si mince, que les vents qui règnent dans nos contrées méridionales achèveraient constamment de détruire ce que les gelées auraient épargné. Ainsi ne pas en planter dans nos contrées, c'est le conseil de la prudence.

9° **Murier romain.** — La feuille qu'on appelle *romaine* est grande, très juteuse cueillie sur un arbre jeune ou bien placé : elle perd de ces qualités pernicieuses lorsque l'arbre devient vieux et est planté dans un terrain peu fertile.

10° **Le Pounaou.** — Cette variété diffère bien peu de la précédente ; sa feuille ovale, épaisse, grande, d'un vert foncé est très indigeste. Pourquoi faut-il qu'elle soit tant multipliée parmi nous !

11° **La Fourcade.** — Cette variété, très bonne, d'un vert luisant, est fortement échancrée : elle a presque la forme d'une fleur-de-lys ; l'arbre qui la produit, poussant beaucoup de bois et portant peu de fruits, doit occuper une large place dans nos plantations.

12° **La Rabalaïre.** — Cette variété joint aux avantages de la précédente, celui de ne pousser qu'une dixaine de jours plus tard, et par cela même de ne pas craindre les gelées printanières, avantage fort considérable même dans le Midi, où nous avons à redouter les touffes de juin, car le meilleur moyen de les éviter c'est de faire monter sa chambrée en mai : et comment le peut-on quand la feuille a été brouie en avril ! Recommander la culture des variétés les moins précoces me semble donc agir de la manière la plus conforme à la raison et conséquemment à l'intérêt de nos cultivateurs.

13° La Colomba ou Blanquette. — Cette feuille est fine, lisse, luisante, mince et petite, l'arbre qui la produit pousse beaucoup et porte un fruit blanc ou rouge ; elle est très soyeuse, de très facile digestion, et par conséquent très propre à la réussite de l'insecte qui s'en nourrit.

De toutes les espèces et variétés de feuille du mûrier blanc que je viens de signaler, de nombreuses expériences m'ont démontré que celle qui convient le mieux au ver-à-soie c'est la feuille sauvage qui influe le plus sur sa réussite. On voit d'après cela que le mûrier sauvage doit occuper le premier rang dans nos mûreraies, mais comme il ne produit que peu de feuilles et de très difficile cueillette, le magnaguier intelligent ne doit laisser sans greffer qu'une quantité suffisante de ces mûriers afin d'avoir assez de feuille de cette qualité pour ses jeunes vers, à partir de leur naissance jusqu'à l'accomplissement de la troisième mue, attendu que les frais énormes qu'on ferait en feuille, pour satisfaire à l'appétit excessif de ces vers, lors de leur grande *frèze*, absorberaient en grande partie les avantages que cette feuille nous procurerait. Il est donc de l'intérêt de tous ceux qui se livrent à cette importante industrie, de laisser une quantité suffisante de mûriers sauvages pour produire la feuille nécessaire aux premiers besoins de ces jeunes insectes.

En conséquence, tout cultivateur intelligent doit laisser exister dans ses mûreraies quelques mûriers non greffés, ensuite il doit cultiver de préférence la *colombasse*, la *rose*, la *rabalaïre*, la *fourcade*, en un mot la feuille fine, petite, dentelée, qui se rapproche le plus de la sauvage, et éviter celle qui en approche le moins.

Du Mûrier noir.

Cet arbre produit une grosse mûre noire ou d'un violet très foncé; sa feuille, grande, dentelée en forme de scie et épaisse, est rude au toucher et terminée en pointe : elle est d'un vert très foncé, et pousse dix ou douze jours plus tard que celle du mûrier blanc, et donne une soie plus grossière, mais plus forte, plus pesante et très recherchée pour les ouvrages de passementerie.

Cette espèce de mûrier est généralement regardée comme indigène d'Europe; quelques auteurs lui assignent pour berceau le beau climat de l'Italie : quoi qu'il en soit du lieu qui la vit naître, il est certain qu'elle a été connue en Europe de temps immémorial et cultivée parmi nous dès le milieu du quinzième siècle. Ce mûrier croît très bien sur le demi-penchant des collines, il y produit une bonne feuille; mais, lorsqu'il est relégué dans des plaines exposées aux brouillards des rivières, son feuillage se rouit ordinairement d'une telle sorte qu'il n'est d'aucune utilité pour la nourriture du ver-à-soie.

CHAPITRE III.

DE LA GREFFE.

La greffe est une opération dont le but est de reproduire les variétés; cette voie de reproduction est en effet de nature à obtenir de bons résultats. Il y a divers modes de greffage, toutefois je ne parlerai que de deux qui sont la greffe en flûte et la greffe en écusson.

La greffe en flûte consiste à prendre, sur l'arbre dont on veut multiplier l'espèce, une pousse ou scion d'un an, coupé au moment où le bourgeon commence à se gonfler, et à le conserver dans du sable bien sec jusqu'au temps où l'on n'a plus à craindre l'effet des gelées ; on en détache un petit tuyau ayant un œil ou bourgeon en le faisant tourner dans les doigts, on le place sur une tige de même grosseur, dépouillée de son écorce, de manière qu'il s'adapte bien au bois, mais on doit racler un peu le bois qui domine le tuyau, afin d'arrêter l'épanchement de la sève.

La greffe en écusson, qu'on n'emploie guère que pour des sujets trop forts pour recevoir la greffe à flûte, s'opère en plaçant une portion de jeune écorce, munie d'un bon œil, sur le bois du sujet à greffer, après l'avoir mis à nu au moyen d'une incision dont la figure est généralement celle d'un T, recouvrir la greffe avec l'écorce du sujet greffé, ramenée à la place qu'elle occupait avant cette opération, et la fixer avec une ligature quelconque.

Quelques agriculteurs préfèrent la greffe de la seconde sève à celle de la première, l'expérience a démontré que c'est une funeste pratique, parce que la pousse n'ayant pas le temps de s'aoûter, les gelées automnales en font périr une grande partie. Eh ! qui n'a pas vu de jeunes mûriers sur lesquels la greffe de la Magdeleine n'avait pas réussi, mener pendant plusieurs années une vie languissante quand ils échappaient à la mort qu'entraîne si souvent une telle secousse ? L'expérience m'a démontré que les mûriers ne doivent être greffés que deux ans après leur transplantation à demeure, et de ne pas les dépouiller de leurs premières pousses. Mais comment les greffer la seconde année, si l'on ne coupe celles de la première? Oui, en écusson.

Cette opération terminée, il reste à en surveiller le succès. Les bourgeons du sujet doivent naturellement pousser un peu plus tôt que celui qu'on veut leur substituer. Il y a des cultivateurs qui, pour forcer la sève à prendre la direction du bourgeon franc, abattent tous les autres dès qu'ils se développent: ceci leur est nuisible, bien loin de leur être avantageux. Peut-on douter que les racines qui nourrissaient avant cette opération une tête considérable ne puissent entretenir, sans nuire à la greffe, quelques brins de sauvageon? Considérez qu'il est d'expérience que la suppression de ces brins peut arrêter l'ascension de la sève et causer la mort de la pousse qu'on prétend mieux faire végéter. Si par cas la greffe était faible et languissante, coupez avec l'ongle l'extrémité des sauvageons, mais ne les abattez que quand elle aura acquis un assez grand degré de force, alors leur suppression sera indispensable.

CHAPITRE IV.

DE LA FEUILLE, DE SA CUEILLETTE ET DU BOURGEONNEMENT.

Les meilleurs agronomes conseillent de n'effeuiller les mûriers que tous les deux ans, dans la vue de les rendre plus vigoureux, de prolonger leur existence et de leur faire produire une plus riche récolte de feuilles. L'expérience a démontré le contraire et a prouvé que le mûrier est un arbre qui est constitué de telle sorte que son premier feuillage est pour lui une parure incommode dont il demande à être annuellement dépouillé; je vais citer un exemple qui prouve évidemment la nécessité de le dépouiller chaque année de sa première robe :

En 1842 la feuille de ce précieux végétal fut si abondante dans les Hautes Cevennes qu'il y en eut beaucoup de reste, il en résulta qu'une grande quantité de mûriers ne furent pas effeuillés. Mon fermier fut du nombre de ceux qui en eurent surabondamment, et croyant rendre service à ses arbres il les laissa sans les dépouiller, dans l'espérance d'avoir ensuite une plus riche récolte, mais il fut notablement trompé dans son attente, car ces mûriers non effeuillés ne produisirent l'année suivante qu'une faible récolte de feuille, avec cela de pénible cueillette, encore les arbres furent-ils languissans et rabougris.

En l'année 1843 il arriva un fait semblable : la mauvaise réussite des vers-à-soie ou la grande abondance de feuille fut cause que plusieurs propriétaires et éducateurs en eurent également de reste; n'ayant pu la faire manger à leur chambrée, ni la vendre pour celles des autres, croyant qu'il serait plus avantageux pour la prospérité de leurs arbres d'y laisser la feuille surabondante, quoiqu'ils eussent pu retirer une partie de la valeur en la faisant manger à leur bétail ; le résultat de ce non-effeuillement eut des suites très funestes, car tous les mûriers qui ne furent point dépouillés de leur première robe ne produisirent que de petits rameaux qui annonçaient la plus triste végétation.

Les agronomes qui prescrivent de n'effeuiller les mûriers que tous les deux ans donnent donc un conseil bien funeste : en le suivant on exposerait ses propres intérêts, en compromettant l'avenir de nos arbres.

D'ailleurs, comme le revenu du mûrier consiste uniquement dans son feuillage, le cultivateur a besoin de jouir chaque année de sa précieuse dépouille, et comment en jouir s'il ne l'effeuillait que tous les deux ans? comment pourrait-il satisfaire à ses besoins et à ceux de sa chère famille s'il était entièrement privé, pendant une année, d'une récolte d'où dépendent presque toutes ses ressources?

Plusieurs agronomes disent encore que les jeunes mûriers ne peuvent être effeuillés sans inconvéniens avant leur sixième année à partir de leur plantation à demeure.

En effet il est impossible de les laisser sans être cueillis ou taillés : c'est pour cette raison que les mêmes agronomes qui prescrivent de les laisser durant six années sans être effeuillés, engagent aussi à les tailler en mars.

D'après cette méthode, la serpe ainsi que la main du cueilleur sont proscrites à leur égard en été, c'est-à-dire lorsqu'on taille et qu'on effeuille les mûriers. Lors de la taille, qui a lieu en mars, l'ouvrier a le soin de ne laisser que les jets ou scions nécessaires à leur prospérité et coupés à la distance que le cultivateur a jugée convenable.

D'après ce mode de soigner les mûriers dans leur jeunesse, le propriétaire est totalement privé de leur feuillage pendant la durée de six ans, mais tout bien considéré, les avantages qui en résultent font plus que balancer les faibles produits qu'on aurait pu retirer de ces jeunes arbres durant l'espace de temps qu'on leur laisse pour se fortifier, avant de les soumettre à la cruelle opération du dépouillement annuel ; de sorte que si nous sommes humains et bienfaisans à leur égard dans le temps de leur enfance, nous pouvons être aussi persuadés qu'ils ne seront pas ingrats et qu'ils nous récompenseront généreusement de toutes les peines et de tous les soins que nous en aurons pris.

CHAPITRE V.

TAILLE, ÉLAGAGE ET ÉMONDAGE DES MURIERS.

Parvenu à la partie la plus intéressante du sujet que je traite, et voulant faire connaître à l'agriculteur les moyens de cultiver et d'entretenir l'arbre si précieux de nos montagnes, j'ai eu le soin de n'insérer dans ce modeste ouvrage que les faits réels produits par la nature et l'intelligence.

Indépendamment d'une longue expérience sur la taille, l'élagage et l'émondage du mûrier, j'ai encore pris la peine de parcourir pendant les trois années 1842, 1843 et 1844 les divers pays du Languedoc à l'époque de ces travaux, pour m'assurer par moi-même des différentes manières de faire, mais je ne fus pas sans m'apercevoir que dans bien des endroits on le cultivait en sens contraire de sa nature, et qu'au lieu d'en faire un arbre productif et de longue durée, on n'en faisait qu'un arbre languissant et ne pouvant produire qu'une mauvaise qualité de feuille.

Pour tailler, élaguer et émonder les mûriers avec avantage, je vais indiquer de quelle manière on doit procéder dans leurs divers âges et d'après les meilleures méthodes.

Quelques agriculteurs ont la funeste habitude de couper la tête aux plants de leurs pépinières à la hauteur voulue pour la tige, dans la vue de les faire plus promptement grossir, de les avoir plus droits et plus proportionnés dans toute leur longueur.

Il est hors de doute qu'en agissant ainsi ils retardent le grossissement de l'arbre bien loin de l'avancer.

Ne coupez que peu à peu les brindilles qui poussent le long de la tige de vos arbres ; n'en coupez plus lorsque vous aurez atteint la hauteur que vous voulez leur donner au moment de leur plantation à demeure, et vous aurez des plants droits et bien proportionnés.

D'autres agriculteurs dans la vue d'avoir des mûriers d'une belle apparence, d'une forme agréable, d'une facile cueillette, et capables de produire une bonne qualité de feuille, ont l'habitude de laisser exister quatre scions greffés au haut de la tige sauvage, et de les couper si courts chaque année qu'à peine laissent-ils exister deux œils sur chaque jet. De cette funeste pratique il résulte que ces quatre scions coupés trop près forment d'abord quatre bourdes si considérables qu'elles contribuent à former des espèces de vases dans lesquels se rassemblent les eaux qui, s'introduisant insensiblement dans la tige, la pourrissent jusqu'à l'aubier et causent le dépérissement total de l'arbre. En laissant exister plusieurs sujets greffés au haut de la tige sauvage, la raison nous apprend qu'il est impossible que l'adaptation de quatre jets, destinés chacun à former une branche qu'on peut considérer comme une nouvelle tige, puisse s'opérer parfaitement sur un seul arbre.

De sorte que quand même l'espèce de vase dont nous avons parlé n'aurait pas lieu, l'imperfection de l'adaptation serait seule suffisante pour causer ces terribles ébranchemens qui ont souvent lieu dans les temps orageux.

Les tristes résultats que je viens de faire connaître ne sont pas les seuls occasionnés par cette pratique irréfléchie, elle en occasionne plusieurs autres qui ne sont pas moins nuisibles à leur prospérité.

Qui peut ignorer que ces bourdes multipliées chaque année sur toute la longueur des branches n'interrompent en grande partie l'ascension du fluide séveux si nécessaire aux extrémités des branches? Enfin, ces dernières mutilées par la serpe deviennent tellement cassantes, qu'elles exposent les cueilleurs à perdre la vie, ce qui arrive malheureusement trop souvent.

Pour obvier à tous ces inconvéniens il faut ne laisser exister qu'un seul sujet greffé au sommet de la tige sauvage, puis le couper à une distance convenable pour que l'adaptation puisse se faire avec succès : alors je puis vous assurer que, par le moyen de ce seul scion greffé, vous formerez la tête de votre arbre avec autant d'agrément que si vous en aviez laissé plusieurs.

L'expérience démontre journellement que les jeunes mûriers doivent être taillés en mars, surtout pendant tout le temps qu'on les laisse sans être effeuillés. La fin qu'on se propose en taillant ces jeunes plants étant celle d'avoir des mûriers d'une belle apparence, d'une forme agréable, d'une facile cueillette et qui puissent produire longtemps un bonne qualité de feuille, pour y parvenir il faut bien faire attention de laisser exister toutes les pousses que vous jugerez être nécessaires à la prospérité de l'arbre, mais aussi vous devez apporter les mêmes soins à supprimer celles qui pourraient nuire plus tard. Cette opération doit se faire immédiatement après les avoir effeuillés, parce que l'effeuillement est une opération qui leur est très cruelle, et qu'ils ne peuvent supporter sans que leur santé en soit altérée, attendu que les feuilles sont pour eux ce que les poumons sont aux animaux : leurs organes respiratoires ; les en dépouiller, c'est donc les soumettre à une opération qui ne peut que les rendre malades, et retarder leur convalescence de quinze jours. La taille, qui n'est pas moins puissante pour suspendre la circulation ou l'ascension du fluide séveux, occasionne au végétal une seconde maladie qui n'est pas moins dangereuse que la première.

En taillant un mûrier quinze jours après son effeuillement, cette opération le plonge dans une seconde maladie qui ne dure pas moins de quinze autres jours (ce qui fait un mois complet), et le met hors d'état de pouvoir nourrir avec succès son nouveau feuillage avant les gelées de l'automne.

Ainsi que je viens de l'indiquer, mes expériences m'ont appris que le plus tôt possible est le mieux pour effeuiller et tailler les mûriers quel que soit leur âge. La nature confirme hautement la vérité de ces deux assertions.

Malgré les grands avantages qui résultent de la taille et du dépouillement précoce de ce riche végétal, beaucoup de propriétaires ont, dans la vue d'avoir une plus grande abondance de feuille, et par suite une plus riche récolte de cocons, le funeste usage de faire éclore trop tard et à leur grand détriment la graine de leurs vers-à-soie, attendu qu'en prolongeant l'action d'effeuiller les mûriers ils prolongent celle de les tailler.

Comme je l'ai démontré précédemment, supprimez pendant le temps de la jeunesse du mûrier, toutes les branches qui dans la suite vous empêcheraient de pénétrer dans l'intérieur de son feuillage, mais n'attendez pas à sa majorité pour le faire, parce qu'il serait plus sensible aux grandes plaies qu'on lui ferait, la cicatrisation se faisant alors plus lentement.

La constitution du mûrier exige qu'il soit taillé annuellement ou jamais : mais alors il faut substituer l'émondage à la taille; ces deux modes de culture sont bons tous deux et peuvent influer très efficacement à la prospérité de l'arbre lorsqu'ils sont pratiqués et observés conformément aux règles et aux principes que la nature prescrits.

De la Taille. — Ainsi que je l'ai décrit précédemment, la taille a pour but de faire produire au mûrier une abondante récolte de feuille, d'une facile cueillette et de le rendre agréable à la vue. Je dois faire observer à mes lecteurs qu'en adoptant cette manière de traiter le mûrier il faut l'exécuter chaque année à l'égard de ceux qui y sont accoutumés, car si vous les laissez une ou plusieurs années sans les tailler et que vous vouliez les y soumettre ensuite, les pousses des années précédentes qui se seraient étendues outre mesure et adaptées successivement les unes aux autres y apporteraient un grand désordre, et je demande aux agriculteurs s'il serait possible de tailler avec avantage les mûriers que l'on aurait ainsi négligés. La raison nous apprend que la chose est impossible, attendu que lorsqu'on est obligé de couper des branches provenues de scions qui auraient dû être raccourcis ou coupés dans le temps; on ne peut ignorer que ce retranchement de branches n'occasionne l'engorgement de la sève, et que la stagnation de ce fluide dans les diverses parties de l'arbre n'altère notablement sa santé et n'appauvrisse son feuillage. Ainsi ceux qui désirent avoir des mûriers productifs, doivent être constans dans le mode qu'ils auront adopté. Quant à moi je leur conseille de substituer l'émondage à la taille.

De l'Émondage. — L'émondage a pour objet de rendre les mûriers plus faciles à être dépouillés et de n'en retrancher que les branches mutilées, mi-coupées ou tordues en opérant la cueillette, les chicots, le bois mort, les branches trop faibles, celles qui se croisent, et tout ce qui ne peut que faiblement produire et dont la suppression, loin de nuire à l'arbre, doit contribuer à sa prospérité.

CHAPITRE VI.

DES MALADIES DU MURIER, DE LEURS CAUSES ET DES REMÈDES A Y APPORTER.

Les différentes maladies qui affligent le mûrier résultent ordinairement des mauvais principes d'après lesquels on le cultive. Celles qui attaquent à la fois tout son organisme sont appelées *générales* ou *constitutionnelles ;* on nomme *locales* ou *accidentelles* celles qui ne l'attaquent que partiellement.

La cause des premières est quelquefois due à l'imperfection de la graine qui les a produits, et plus souvent encore à l'aridité du sol dans lequel on les plante, ou aux sucs peu convenables à leur prospérité que pompent leurs racines. Les remèdes les plus efficaces ne peuvent qu'en gêner la marche. Mais quant aux secondes, que nos absurdes procédés leur procurent si souvent, il existe des moyens curatifs qu'un agriculteur intelligent n'emploie pas toujours sans succès.

Toutefois, la meilleure méthode est encore un dangereux ami qu'il faut éloigner de nos mûreraies en anéantissant les causes des maladies et en les empêchant de se reproduire.

Pour cela il ne faut jamais les planter dans un terrain contraire à leur nature. Donnez-leur d'assez fréquens labours pour les purger des herbages, et ayez soin d'entretenir la terre dans l'état de fraîcheur que réclament leurs racines.

Ne commencez à les dépouiller de leur feuille qu'à partir de la sixième année de leur transplantation à demeure; ne les plantez jamais dans des terres qui ont été occupées précédemment par des arbres fruitiers, tels que pommiers, poiriers, cerisiers, noyers et autres arbres à noyau.

L'expérience m'a demontré que les moindres fragmens de leurs racines qui restent dans le sein de la terre, occasionnent en se corrompant une pourriture si nuisible au mûrier, qu'il meurt bientôt après avoir été planté.

Je dois néanmoins faire observer que les mûriers prospèrent très bien après les châtaigniers ainsi qu'après la vigne.

Pour persuader mes lecteurs de la vérité des faits que je viens de leur citer, je vais leur signaler les heureux résultats que mon père et moi avons obtenus dans le temps concernant la culture de ce riche végétal; voici les faits :

Il y a soixante ans que nous transformâmes une châtaigneraie en une plantation de mûriers qui y réussirent très bien et produisent une bonne qualité de feuille sans donner encore aucun signe de dépérissement.

Une autre expérience qui n'est pas moins digne de fixer l'attention des agriculteurs, c'est qu'il y a environ quarante-cinq ans, nous transformâmes une vigne en mûreraie : sa durée, sa magnificence ont répondu constamment à notre attente.

Enfin je préviens mes lecteurs que s'ils ne veulent pas travailler inutilement, qu'ils aient à éviter de planter des mûriers à la place de chênes-verts. L'expérience nous apprend qu'ils meurent sans exception dans très peu de temps.

Si vous vous conformez aux préceptes que je viens d'indiquer vous préserverez vos arbres des maladies qui désolent nos plantations. Quoique jusqu'à ce jour il n'ait paru encore aucune personne qui puisse se flatter d'avoir découvert les véritables causes des maladies qui affligent les mûriers, ni les remèdes qui peuvent en arrêter le cours. Cependant j'essaierai de démontrer quelles sont les véritables causes d'une partie de ces maladies, et les moyens de les prévenir.

1° *Le rabougrissement.* — Cette maladie, qui a pour cause la taille et la pauvreté du sol, et pour effet le dépérissement qui se manifeste par de très petites pousses, des lichens, des mousses, des chancres, des branches mortes ; les racines ne trouvant dans un terrain épuisé ou stérile de sa nature que des sucs peu abondans, y pompent des principes peu convenables à la prospérité de l'arbre, alors la sève, mal élaborée, obstruant les vaisseaux destinés à la conduire aux branches, n'y parvient qu'avec peine, et les rameaux, imparfaitement nourris, commencent par jaunir et finissent par se dessécher.

Le fumier, la bêche et la cognée, sont le remède à ce mal : retranchez de vos arbres les branches les plus faibles, ne leur laissez que celles qui pourront être abondamment substantées par les racines, détruisez les lichens, les mousses et les herbes parasites qui dévorent les tiges.

Le rabougrissement n'est pas une maladie incurable, on peut y remédier assez facilement en employant les moyens prescrits ci-dessus, et si vous vous apercevez que votre arbre ne reprend pas une bonne partie de sa vigueur, supprimez quelques-unes de ses branches en les coupant ras du tronc et ne touchez pas aux extrémités des autres pour les raccourcir, laissez-les exister dans toute leur longueur pour favoriser l'ascension du fluide séveux si nécessaire à la prospérité des branches conservées, et soyez assurés qu'en exécutant ponctuellement mes préceptes vous verrez vos mûriers reprendre totalement leur première vigueur.

2° *La lèpre.* — Cette maladie qui se manifeste par la mousse et le lichen peut être produite par le défaut d'air, la privation du soleil et le trop long séjour de l'humidité.

Enlever avec soin les plantes parasites qui détériorent l'épiderme de l'arbre et le privent des douces influences du soleil, tel est le remède dont on doit faire usage pour guérir le mûrier de la lèpre.

3° *Le chancre.* — Le chancre, qui n'est que le résultat d'une lésion quelconque, se manifeste par la décomposition de l'écorce, qui n'a bien souvent lieu qu'après que l'aubier a été attaqué. C'est ordinairement par là que la carie commence. L'enlever au moyen d'un instrument tranchant et recouvrir la plaie d'onguent de Saint Fiacre, est le meilleur remède contre cette maladie.

4° *La carie.* —La carie qui n'est qu'une espèce de chancre produit par l'effet des influences météorologiques sur une plaie qui a mis le bois à découvert, se guérit de la même manière, et peut se prévenir par l'usage de l'onguent.

5° *L'ulcère ou Cancer.* — L'ulcère dont les effets sont beaucoup plus désastreux qu'on ne le croit communément, se manifeste par un écoulement sanieux qui donne à l'écorce une couleur noirâtre ou d'un jaune brun. Si l'écoulement se dirige vers le cœur de l'arbre, il le tue; si c'est vers l'extérieur, il l'exténue par la perte journalière des sucs qui devaient le nourrir. Enlever l'ulcère, cautériser la plaie avec un fer rougi, la garnir d'onguent de Saint Fiacre, et mieux la vernir avec de la colophane, tel est l'unique moyen de détruire ce dangereux émonctoire.

6° *L'asphixie.* — L'asphixie est une maladie subite et terrible que la suppression violente des feuilles occasionne et qui, en quelques jours, fait d'un arbre vigoureux un arbre languissant, incapable de revenir à sa première vigueur et de donner à son possesseur autre chose que son cadavre, attendu qu'il n'existe aucun moyen curatif contre cette foudroyante maladie qui dépeuple annuellement quelques-unes de nos plantations.

7° *L'apoplexie.* — Cette maladie est le résultat d'une perturbation occasionnée dans l'organe respiratoire par les variations atmosphériques. Elle a lieu quand, après des journées chaudes, un vent froid et violent s'élève; alors la transpiration de l'arbre s'arrête et la sève s'engorge tellement qu'il n'y a que les belles journées qui succèdent aux mauvaises qui puissent le délivrer de cette perturbation.

8° *La pourriture des racines.* — Cette maladie est fort commune et d'autant plus à craindre qu'elle est incurable et contagieuse. Certains auteurs disent que la pourriture de la racine des mûriers est occasionnée par la présence d'un champinon qui s'attache aux racines. D'autres en attribuent la cause au vif-argent comme si ce métal existait dans nos terres, plusieurs au fumier chaud qu'on place immédiatement au-dessus des racines, comme s'il existait des cultivateurs assez ignorans pour mettre le fumier en contact avec les racines; d'autres enfin l'attribuent à la stagnation de la sève. Voilà bien ce que disent des auteurs, mais est-ce là ce qu'ils diraient si la nature eût consenti à leur dévoiler ses mystères,

Il n'y a nul doute que la véritable cause de la pourriture de la racine des mûriers ne soit produite par la stagnation de l'eau dans une terre grasse et humide ; ce qui me le prouve, c'est qu'on obtient des jeunes pousses de mûrier coupées, en les faisant séjourner dans l'eau, la même dissolution qu'y éprouve le chanvre.

M. La Rouvière de Lyon a prouvé que l'écorce de ces jeunes pousses, traitées à la façon du chanvre, fournissaient une filasse dont on pouvait obtenir de très belles étoffes.

M. de Lapierre, propriétaire de la papeterie de Vraichamp, a reçu en 1829 une médaille d'or pour avoir confectionné une collection de papiers d'écorce très dignes de fixer l'attention.

Si les faits que je viens de citer ne sont pas suffisans pour persuader à tout cultivateur combien les mûriers plantés dans des lieux gras et humides, où les eaux stagnantes ne leur permettent jamais de se sécher, où leurs racines se pourrissent, qu'ils prennent la peine de considérer attentivement quels résultats ils ont obtenu des mûriers qu'ils ont plantés eux-mêmes :

1° Dans des terres grasses ;

2° Dans des lieux peu aérés et naturellement humides ;

3° Dans des terres où l'eau est stagnante ; ils reconnaîtront alors facilement que les mûriers relégués dans des terres semblables à celles que nous venons de signaler périssent par la pourriture des racines.

9° *Desséchement des pousses.* — Ce desséchement est un accident très funeste à la prospérité du mûrier; il est occasionné par les gelées automnales qui viennent assaillir les jeunes et tendres scions dans un temps où ils ne sont encore qu'herbassés, et que la rigueur de l'air atmosphérique qui règne en hiver vient ensuite achever.

Pour obvier à cela il faut faire en sorte d'effeuiller les mûriers de bonne heure, afin qu'ils aient le temps de s'aoûter et de nourrir leur nouveau feuillage avant d'être surpris par le changement d'atmosphère.

CHAPITRE VII.

DES CLIMATS OU LE MURIER ET LE VER-A-SOIE PEUVENT PROSPÉRER.

Ainsi que je l'ai dit précédemment, la feuille du mûrier toute précieuse qu'elle soit, n'est d'aucune utilité sans le précieux ver qui en fait sa seule nourriture, et quand même il en mengerait d'autres il ne pourrait produire aucune matière résineuse ou soyeuse, car il n'y a que la feuille de ce précieux végétal qui contienne réellement les substances qui lui servent pour filer son cocon.

D'après la vérité de ces assertions la prudence nous prescrit de ne jamais entreprendre la culture du mûrier et l'éducation du ver-à-soie sans avoir observé très soigneusement les degrés de température de l'atmosphère, la disposition de l'air du climat que nous habitons, selon qu'il est froid où chaud, sec ou humide, pour nous assurer si le mûrier et le ver peuvent y prospérer tous deux, car tel climat peut être très favorable à la réussite de l'un et ne pas l'être à celle de l'autre.

Le mûrier peut croître et végéter partout où la vigne, les châtaigniers et généralement tous les arbres peuvent mûrir leur fruit.

Nous savons aussi que le ver, par le moyen de climats artificiels que l'art a inventés pour le mettre à l'abri des déréglemens de l'air, et par le moyen de l'utile thermomètre, peut être entretenu à un degré de chaleur toujours en rapport avec les besoins que sa faiblesse réclame.

Mes nombreuses expériences m'ont convaincu que les mûriers prospèrent mieux dans les climats d'une douce température que dans ceux où elle est trop élevée; il en est de même du ver : il réussit mieux dans des pays montagneux tels que ceux des Cevennes que dans les vastes plaines du Languedoc.

Tous les éducateurs de vers des Cevennes qui ont l'usage d'en aller élever dans le midi de la France ont reconnu aussi bien que moi que les mûriers y produisent une qualité de feuille très inférieure à celle des Cevennes. Elle l'est surtout en substance soyeuse, vu qu'il faut ordinairement 1,100 kilogrammes (22 quintaux) pour obtenir 50 kilog^{mes} (un quintal) de cocons, tandis que, pour terme moyen, avec 800 ou 850 kilog^{mes} (16 ou 17 quintaux) de celle qui est ceuillie dans les Cevennes, on obtient communément 50 kilog^{mes} (un quintal) de cocons et d'un prix plus élevé.

Les vers-à-soie réussissent mieux dans les Cevennes, principalement sur le demi-penchant des montagnes, que dans le pays bas, par la raison que, dans un climat assez tempéré, les vers-à-soie n'y sont que très rarement exposés aux touffes, et, dans le cas qu'ils le soient, on y remédie en ouvrant les volets, en faisant de la flamme, et s'il fait froid, le magnaguier intelligent, par le moyen du feu, peut entretenir dans l'atelier un degré de chaleur toujours en rapport avec les besoins de ces précieux insectes. Mais il n'en est pas de même dans les climats exposés à des chaleurs excessives, parce qu'il n'appartient pas à l'homme de régler les degrés de chaleur de l'air extérieur.

Je crois en avoir assez dit pour persuader à mes concitoyens que le mûrier et le ver-à-soie peuvent prospérer dans le nord de la France avec autant d'avantage que dans le Languedoc, en ayant soin toutefois de faire éclore la graine assez tôt, pour que les mûriers puissent s'aoûter, c'est-à-dire nourrir leur nouveau bois avant le retour des gelées automnales ; et comme il est très important que la feuille marche avec la saison et le ver avec la feuille, pour ne pas vous tromper sur ce point, ne faites jamais éclore la graine de vos vers sans avoir bien observé le degré de végétation des mûriers, et quand vous croirez qu'il sera convenable d'avoir vos vers prêts dans une dixaine de jours, alors vous mettrez la graine à éclore.

Si la température extérieure était basse, s'il faisait froid, si la feuille ne se développait pas, il faudrait graduellement et insensiblement abaisser celle de la magnaguière de 19 à 18, 17, 16 degrés, les vers devant toujours marcher avec la feuille.

Si la pousse est tardive, sa croissance sera plus rapide ; alors il faut hâter l'éducation des vers : c'est une condition de réussite. En effet, si l'on donne à de jeunes vers de la feuille trop avancée et trop dure, elle contient bien plus de ces matières dont ces insectes se débarrassent par la transpiration.

Ce que je viens de rapporter nous prouve que le mûrier ainsi que l'insecte fileur prospèrent avec plus d'avantage dans des climats tempérés que dans ceux d'une température chaude, moyennant que nous ne contrarions jamais les lois qui leur sont prescrites par la nature.

Je ne terminerai pas ce chapitre sans faire connaître à mes lecteurs les fautes graves que commettent des cultivateurs et des éducateurs en contrariant la nature à l'égard des arbres et des vers.

Certains agriculteurs des Cevennes, principalement ceux qui habitent des lieux froids, s'éloignent de ces règles en taillant le mûrier; ils contrarient celles des vers en mettant éclore la graine trop tard en comparaison du développement de la feuille, faute grave qui ne permet pas aux vers de marcher comme elle, ce qui occasionne bien souvent la non-réussite de la chambrée et la ruine totale des mûriers en les effeuillant trop tard, n'ayant pas le temps de s'aoûter ou de mûrir leur nouveau bois avant le retour des gelées automnales; leurs nouvelles pousses n'étant encore qu'herbassées se gêlent, se dessèchent, ce qui appauvrit non seulement la récolte suivante mais entraîne encore le dépérissement total de l'arbre.

Pour obvier à ces grands inconvéniens, ainsi que je l'ai dit précédemment, faites en sorte que les vers viennent comme la feuille, et pour ne pas vous tromper sur ce point faites hiverner la graine de vos vers-à-soie dans un appartement à l'épreuve, c'est-à-dire dans un local où la graine ne commence à éclore qu'environ dix ou douze jours immédiatement après que vous l'aurez mise dans l'étuve, mais il faut, avant que de l'y mettre, observer très régulièrement les degrés de végétation de vos mûriers pour vous assurer si à cette époque vous aurez des petits rameaux assez développés pour donner à manger à vos vers. En agissant de la sorte vos vers se développeront avec la feuille ; s'il survient quelque déréglement dans l'air atmosphérique, et que vous pensiez que vos vers soient trop avancés, abaissez graduellement quelques degrés de la température de l'étuve ; si la pousse est tardive, elle n'en sera que plus active à se développer, alors vous pourrez hâter leur éducation. En vous conformant à ces préceptes vos vers auront de la feuille tendre, toujours en rapport avec leur âge, et réussiront à merveille, vos mûriers étant effeuillés assez à temps pourront nourrir leur nouveau bois avec avantage.

CHAPITRE VIII.

DES CAUSES DU RABOUGRISSEMENT DES MURIERS ET DES MOYENS DE LEUR FAIRE REPRENDRE LEUR PREMIÈRE VIGUEUR.

La nature et de nombreuses expériences m'ont convaincu que le rabougrissement des mûriers provient de la taille et de la pauvreté du sol. Cette maladie, qui fait tant de ravages dans les mûreraies, se manifeste par de très petites pousses. Plusieurs cultivateurs la regardent comme contagieuse et incurable : je peux montrer que cette maladie est de très facile guérison. Pour persuader mes lecteurs de la vérité de cette assertion , je vais faire connaître certains faits qui le prouveront évidemment et qui pourront en même temps servir d'exemples à tous ceux qui désirent le cultiver.

Il y a cinquante ans que je fis l'acquisition d'un petit domaine où il y avait alors quelques mûriers tout languissans ne produisant que très peu de feuille et de pénible cueillette ; pour leur faire reprendre une partie do leur première vigueur je commençai à faire retrancher les branches mutilées, mi-coupées ou tordues , les chicots, le bois mort, les branches qui se croisaient, en un mot tout ce qui me parut ne pouvoir que faiblement produire et tout ce dont la suppression me parut nécessaire pour contribuer à leur rétablissement, je fis abattre les anciens murs qui s'écroulaient et j'en fis rebâtir de nouveaux.

Je fis amander le sol principalement par l'action du fumier. Les heureux résultats que j'en obtins répondirent parfaitement à mon attente, car je peux dire sans crainte d'être démenti , que les mûriers dont il s'agit et qui sont âgés d'environ quatre-vingt-dix ans sont très beaux et d'une magnifique végétation.

Pour agir avec connaissance de cause dans quel art que ce soit , il faut en étudier les règles et les principes, mais comme il s'agit ici d'une science appliquée à l'économie rurale et domestique , il serait déplacé de la part de celui qui s'adresse à des personnes occupant un rang modeste dans la société, d'entrer dans des détails étrangers et inutiles au sujet qu'il traite. Ainsi je vais représenter aussi simplement qu'il me sera possible 1° les fautes graves que des agriculteurs commettent par erreur à l'égard de la culture du mûrier et qui le plongent dans la maladie du rabougrissement et les funestes effets qui en résultent ; 2° j'indiquerai les moyens les plus conformes aux règles de la nature pour le cultiver avec avantage.

Certains agriculteurs, dans la vue d'avoir une plus riche récolte de feuille, plantent leurs mûriers trop épais sans considérer que s'ils se disputent le suc de la terre insuffisant pour les nourrir tous la disette hâtera leur dépérissement.

Dans la croyance d'augmenter leur revenu ils ensemencent leurs terres occupées par des mûriers, sans envisager que celles qui restent presque toute l'année sans être piochées privent en grande partie les racines de l'influence des rayons du soleil, ainsi que de la rosée qui tombe sur la terre pour la rafraîchir.

Dans le but d'augmenter la vigueur de leurs arbres lorqu'ils s'aperçoivent que la maladie du rabougrissement commence à les atteindre, croyant que le remède le plus efficace pour eux est celui de la taille, et que plus on supprimera de leur bois plus tôt leur santé sera rétablie. C'est ainsi qu'ils commencent par retrancher les trois ou quatre dernières pousses des branches de leur arbre, mais comme cette opération n'a pour effet que la propagation de la maladie ils n'attribuent pas la non guérison à la vertu de leur remède, au contraire ils croient qu'ils n'ont pas coupé assez court, que les racines de leurs arbres n'ont pas eu la force suffisante pour substanter les branches qu'ils croient trop nombreuses et trop longues. Ces cultivateurs, ayant toujours l'idée qu'ils ne peuvent rendre la première vigueur à leurs arbres qu'à force d'abattre une grande partie du bois, pour effectuer leur entreprise les taillent, les tronçonnent et les ébranchent, sans faire attention qu'en en agissant ainsi au lieu d'en augmenter la vigueur ils la diminuent notablement, qu'en taillant les mûriers comme ils le font, la sève s'engorge, reste stagnante dans les tiges ou dans les racines qu'elle pourrit dans très peu de temps.

Je vais citer encore quelques faits qui persuaderont que la taille tue les mûriers et en appauvrit les récoltes.

Dans les propriétés de M. J.-P. Canonge de Bregi il a cinq cent cinquante mûriers qui n'ont pas été taillés et qui sont âgés d'environ deux cent vingt-cinq ans.

M. Theulle à Audupine planta, dans le sol fertile de la Prairie, il y a vingt-huit ans, soixante pieds de mûriers : les ayant taillés ils sont tous morts, excepté deux qui sont très languissans et ne produisent que peu de feuille.

M. Lafont planta, il y a cinq ans, cent mûriers aux prés Rasclaux, dans une terre très fertile : les ayant toujours taillés à la réserve de deux, les résultats en ont été bien tristes, car il n'en existe plus que quatre; il n'y a même que les deux qui ont été soustraits à la taille qui soient vigoureux, ils produisent chacun 45 kilog^mes^ (90 livres) feuille, et les autres seulement 10 kilog^mes^ (20 livres).

CHAPITRE IX.

MÉTHODE DE CULTURE DES MURIERS QUI A LA FACULTÉ DE LEUR FAIRE PRODUIRE PENDANT LONGTEMPS LA PLUS GRANDE QUANTITÉ DE FEUILLE POSSIBLE, ET DE LA MEILLEURE QUALITÉ POUR LA RÉUSSITE DE L'INSECTE FILEUR.

La meilleure de toutes les méthodes dont on puisse faire usage pour cultiver les mûriers avec succès est celle qui a la faculté de les faire végéter avec le plus d'avantage et de prévenir toutes les maladies qui pourraient nuire à leur prospérité.

On voit journellement que la taille des mûriers est

pour eux une opération insupportable qui en fait périr à tout âge, dans quelque climat et dans quelque terrain qu'ils se trouvent, de sorte qu'on peut regarder cette funeste pratique comme la cause de toutes les maladies qui les affligent dans les différentes périodes de leur vie.

Ils ne doivent pas être taillés parce que cette opération obstruant les vaisseaux destinés à conduire la sève jusqu'aux extrémités de leurs branches, ne permet au fluide séveux d'y parvenir que très imparfaitement, et le dépérissement de l'arbre, qui commence à se manifester par de petites pousses et par le desséchement des branches, est alors inévitable; elle cause aussi l'engorgement de la sève dans le tronc et dans les racines qu'elle pourrit.

Cette pratique produit encore le rabougrissement qui se manifeste par de petites pousses faibles, des lichens, des mousses, des chancres, des branches mortes, des herbes parasites qui dévorent l'épiderme de l'écorce et occasionnent tous les inconvéniens qui privent encore l'arbre de la faculté de respirer et de transpirer, c'est-à-dire de rejeter les mauvaises humeurs produites par l'engorgemout, ce qui ne tarde pas à l'étouffer.

La méthode de la taille n'est pas la seule qui nuise à la prospérité du mûrier : la pauvreté du sol, la mauvaise culture qu'on administre à son égard ne sont pas moins contraires à son développement que la pernicieuse pratique de la taille. Oui, la taille du mûrier et l'aridité du sol où il est planté sont les deux principaux agens du dépérissement de nos mûreraies : ce qui le prouve c'est qu'avant l'introduction de la taille les mûriers vivaient beaucoup plus longtemps qu'à présent.

En 1600, M. Olivier de Verres en planta à Villeneuve-de-Berg et plusieurs d'entr'eux vivent encore, parce qu'on resta plus de vingt ans sans les effeuiller et qu'ils n'ont jamais été taillés.

M. Boitard dit que dans plusieurs provinces d'Italie où ils ne sont pas soumis à la taille, les mûriers y produisent plus longtemps une meilleure qualité de feuille.

Je peux assurer un fait qui a eu lieu en grande partie sous mes yeux : mon père planta en 1720, dans son domaine du Chambon, du moulin de la Garde, une mûreraie assez considérable : plusieurs de ces arbres existent encore et, quoique accablés de vieillesse, ils produisent encore de modestes récoltes de feuille de très bonne qualité, parce qu'ils n'ont jamais été taillés, mais seulement émondés.

Dans les observations que je fis en parcourant le Languedoc j'aperçus, il n'y a pas longtemps, dans la commune de la Rouvière, à trois lieues de Nîmes, des mûriers dont le tronc, séparé en deux parties par l'effet de la pourriture, produit encore dans l'âge le plus avancé de médiocres récoltes de feuille.

Je vis encore dans la commune de Nogières, département du Gard, un mûrier tout écartelé : son physique me donna lieu de penser qu'il pouvait être du nombre de ceux qu'on planta en France dès le commencement du quinzième siècle. Il rend de la feuille et donne l'espoir d'en produire encore longtemps.

Dans le courant des nombreuses observations que j'ai faites dans les Cevennes, M. André Despinasson de la commune de St-Etienne-Vallée-Française (Lozère), me fit voir des mûriers qui existent dans ses propriétés depuis un temps immémorial ; ils paraissent être de ceux qu'on planta dans les Cevennes il y a environ 340 ans; ils promettent encore de vivre très longtemps parce qu'ils n'ont jamais été taillés.

Un autre exemple qui n'est pas moins digne d'attention pour établir que la taille retarde non seulement le grossissement de l'arbre, mais encore qu'elle lui fait produire une plus mauvaise qualité de feuille, c'est qu'à Sauve où l'on cultive l'alizier pour en obtenir des fourches à trois becs, on arrête la croissance de ceux qui ont la grosseur requise en leur coupant la tête, et par-là on atteint toujours le but qu'on se propose. Dès que l'un des trois becs a la tête coupée, ou à peu près, car on laisse toujours un petit rameau qui l'empêche de se dessécher, la sève l'abandonne presque entièrement pour se porter vers ceux qui n'ont point été coupés.

Mais comment les mûriers qu'on soumet à la funeste pratique de la taille produisent-ils une plus mauvaise qualité de feuille que ceux qu'on affranchit de cette cruelle opération? C'est que les mûriers auxquels on ôte ordinairement les dix-neuf vingtièmes de leur bois, en les taillant comme on fait à la mode d'Anduze, produisent de plus grandes feuilles chargées d'eau, de brins ou d'autres substances non soyeuses.

Pour établir la vérité de ces assertions je vais signaler un fait qui a lieu chez M. Louis Valcroze, du lieu de la Rouquette, commune de Saint-Martin-de-Boubeaux : son père planta dans son domaine, il y a quarante-cinq ans, quelques pieds de mûriers dont une partie n'a jamais été soumise à la taille tandis que l'autre l'a été chaque année très régulièrement. Ces deux genres de culture ont produit des résultats bien différens : parmi ceux qui ont été affranchis de la taille il y en a qui donnent jusqu'à 350 kilog^{mes} (7 quintaux) de feuille chacun, tandis que ceux qui ont été meurtris par la serpe ne produisent que 100 kilog^{mes} (2 quintaux).

Indépendamment de cette énorme différence le mûrier non taillé produit un feuillage de meilleure qualité et moins chargé de parenchyme; c'est ainsi que d'après mes expériences 750 kilog^{mes} (15 quintaux) de feuille de mûriers non taillés, pesée lorsqu'elle vient d'être cueillie, produisent ordinairement un quintal de cocons, tandis qu'il faut 1,000 kilog^{mes} (20 quintaux) pour obtenir la même quantité de cocons et encore de plus mauvaise qualité.

Je vais faire connaître maintenant les véritables causes qui produisent le dessèchement de l'arbre.

L'expérience démontre constamment que la pauvreté du sol auquel on confie les mûriers, le peu de soin que l'on prend pour les cultiver de la manière convenable hâtent considérablement leur trépas.

La preuve la plus convaincante en est dans les moyens que la famille de Jean Bonnal, du lieu de Cabunamagre, commune de Saint-Etienne, a employés jusqu'à ce jour pour cultiver une mûreraie que leur père avait plantée en 1806. Pendant tout le temps que vécut Bonnal, cultivateur de mûriers très distingué, cette mûreraie végéta avec beaucoup d'avantage, produisant de bonnes récoltes de feuille et de très bonne qualité, sans qu'aucun d'eux annonçât le moindre symptôme de maladie. Cette plantation n'eut pas plutôt atteint son plus haut point d'accroissement, que ledit Bonnal mourut et, immédiatement après son décès, le terrain qui renfermait cette mûreraie fut partagé entre Jean Bonnal son fils et Marie sa fille. Celui-là étant plus avancé en âge que sa sœur put cultiver la partie qui lui fut assignée avec plus d'intelligence que ne le pouvait sa sœur, en sorte que les mûriers qui se trouvèrent dans le lot du fils étant encouragés plus avantageusement par l'action du fumier ou de la bêche, manifestèrent en très peu de temps une grande différance en vigueur, car ils devinrent plus beaux que ceux de la sœur. Malheureusement quelques années après Bonnal fils mourut et sa veuve ne pouvant prodiguer aux mûriers les mêmes soins de culture, il en résulta que les mûriers qui étaient supérieurs à ceux de sa sœur commencèrent à dégénérer et le contraste se manifesta d'une manière étonnante, car les plus chétifs devinrent les plus beaux, la veuve Bonnal ayant toujours continué à en négliger la culture. Aujourd'hui ils sont tous morts asphyxiés, tandis que ceux de Marie Bonnal ont repris leur première vigueur par les soins continus que son mari leur apporta par la suite, et il n'y en a pas encore qui soient atteints de la moindre maladie.

Dans le courant de cet ouvrage j'ai parlé des causes qui produisent le rabougrissement, l'engorgement de la sève, la pourriture des racines et de plusieurs autres qui altèrent notablement la santé de l'arbre, mais il me reste encore à citer celles qui produisent l'asphyxie, la plus destructive de toutes les maladies qui affligent nos mûreraies dans le cours de leur existence.

L'asphyxie est une maladie terrible qu'il est aussi facile à prévenir qu'elle est difficile à guérir. Je vais citer un exemple pour représenter les causes qui la produisent et les moyens de les éviter.

Je semai, il y a quelques années, du blé et des pommes de terre dans une terre dépendante de ma métairie du Pauzadou; elle était déjà occupée par de jeunes mûriers, et le blé qui fut semé au commencement d'octobre fut si contraire à la prospérité des mûriers, que pendant tout le temps qu'il resta en terre, ils ne produisirent que de petits rameaux jaunes annonçant la plus triste végétation ; au contraire, la partie dans laquelle j'avais semé des pommes de terre au commencement du mois de mai montra la plus magnifique végétation.

Immédiatement après la moisson du blé j'employai la charrue pour frayer un libre passage aux influences atmosphériques de l'air et à la rosée bienfaisante; alors ces mûriers reprirent leur première vigueur, tandis que ceux qui étaient semés en pommes de terre étant privés à leur tour des mêmes avantages devinrent chétifs et languissans.

M. Louis Pascal, géomètre et agronome très distingué, un des principaux propriétaires de la commune de Saint-Germain-de-Calberte (Lozère), eut la complaisance, dans le courant du mois de novembre 1845, de me faire voir l'état d'une mûreraie qu'il fit planter en 1815 : tous les mûriers en général avaient prospéré pendant 20 ans sans qu'aucun d'entr'eux donnât le moindre symptôme de maladie, mais il arriva ensuite que cette plantation fut partagée entre lui et M. Victor Pascal, son frère; M. Louis Pascal continua à cultiver la partie qui lui fut assignée comme il avait fait avant le partage ; M. Victor Pascal, avocat et avoué habitant à Florac, confia sa partie de la plantation aux soins d'un colon inintelligent qui la cultiva d'une manière toute contraire à ce que sa prospérité réclamait, soit en taillant les arbres, soit en ensemençant la terre ou en ne la piochant pas si fréquemment que la nature du mûrier le demande, soit enfin en la laissant dévorer par les herbes qui détériorent non seulement le sol, mais qui empêchent encore les effets de la rosée, de l'air et les influences solaires si nécessaires au rafraîchissement de leurs racines, de sorte que les mûriers se trouvant privés de ces heureuses influences, ne peuvent ni respirer ni transpirer à leur aise, étouffent meurent asphyxiés.

Indépendamment des agens destructeurs que je viens de signaler, il en existe encore un autre qui n'est pas moins préjudiciable à la prospérité des mûriers, c'est l'aridité du sol auquel ils sont confiés.

L'exemple que je vais citer le prouvera aisément, le sieur Marion du Foussal fit effondrer une terre pauvre de sa nature y planta des mûriers à une distance raisonnable les uns des autres les fuma lors de leurs plantation à demeure, mais malgré ses soins ils n'ont poussé que de chétifs scions et meurent tous dans une profonde inaction.

Je vais citer un autre fait que j'ai vu dans le territoire de la commune de Saint-Hippolyte-de-Caton, département du Gard : il y a environ quatre ans, en parcourant le Languedoc j'aperçus une grande et nouvelle plantation de mûriers tout chétifs annonçant la plus déplorable situation; je n'en attribuai pas absolument la non-réussite à la faute du cultivateur, la terre ayant été bien effondrée à ce qu'il me parut, et les mûriers étant plantés à des distances convenables, je m'en pris à la pauvreté du sol à laquelle on n'eut pas la précaution de suppléer par l'action d'une plus grande quantité de fumier, lors de leur plantation à demeure. Ce fait nous prouve que les mûriers sont des arbres exigens qui refusent constamment de produire dans un terrain aride, à moins qu'ils ne soient cultivés de la manière que leur prospérité réclame.

Ainsi je conseille à mes compatriotes qui voudront planter des mûriers dans un terrain aride d'avoir le soin de ne pas trop les serrer, de mettre une bonne couche de fumier au fond du trou, ensuite de la couvrir avec une autre couche de terre; plantez votre arbre par-dessus celle-ci, couvrez bien ses racines d'une seconde couche de terre sur laquelle vous placerez encore de bon fumier; n'oubliez pas ensuite d'appliquer souvent l'action de la charrue pour donner passage à l'air, et ne bornez pas à quatre le nombre de vos labours.

M. l'abbé de Sauvages assure avoir vu dans l'Angoumois des cultivateurs suppléer avantageusement au fumier et aux irrigations nécessaires au maïs par de fréquens binages : que l'herbe ne croisse donc jamais à l'ombre de vos arbres, que l'appât d'un gain illusoire ne vous porte jamais à ensemencer le dessous; travaillez-les souvent, soignez-les avec zèle et quoique vous n'en retiriez pas un profit immédiat, ne vous découragez point, ils vous récompenseront généreusement et pendant plus longtemps.

Dans le courant de ce chapitre je vous ai dépeint les tristes effets produits par la partique de la taille des mûriers, ainsi que ceux qui résultent de l'aridité du sol où ils sont relégués, et les moyens d'y obvier le plus efficacement. Il ne me reste maintenant pour avoir rempli la tâche que je me suis imposée qu'à vous indiquer les moyens de faire produire aux mûriers, à circonstances égales, le double de feuille qu'ils n'ont produit jusqu'à présent.

J'observe donc aux lecteurs que ma méthode de faire produire aux mûriers de plus riches récoltes de feuille consiste principalement dans la taille, ainsi que je l'avais soupçonné depuis bien longtemps ; pour m'en assurer, je plantai, il y a dix ans, dans une de mes propriétés huit pieds de mûriers placés dans le même champ, fixés à distance égale et mêlés ensemble, ayant toujours prodigué à tous, d'une manière consciencieuse et impartiale, les mêmes soins quant à la culture du sol, n'ayant fait de différence que dans l'opération de la taille.

Pour le faire le plus efficacement la seconde année que vous les aurez greffés, vous étêterez tous les jets ou scions provenus des greffes à environ un demi-pied de leur hauteur, ayant soin de laisser un certain nombre d'œils pour que vous puissiez dans la suite multiplier les branches nécessaires pour servir de points d'appui aux cueilleurs, et ce sera la première et la dernière fois que votre serpe raccourcira les jets de vos arbres, vous bornant uniquement à en émonder le dedans, et, en supposant le cas que quelque jet voulût s'étendre trop et végéter au détriment de ses voisins, vous appliqueriez à cette pousse gourmande le même remède qu'on applique à l'alizier pour l'empêcher de grossir plus que les autres.

En vous conformant ponctuellement à ces préceptes vous aurez la satisfaction de voir vos arbres d'une belle apparence, d'une forme agréable, leurs branches lisses et flexibles prendront une direction verticale et seront régulières dans leur hauteur, elles annonceront la plus magnifique végétation et produiront un feuillage supérieur en quantité et en qualité à celui que produisent les mûriers taillés.

M. Jean Deleuze, cultivateur distingué de la commune de Saint-Germain-de-Calberte, témoin digne de foi, m'attesta un fait qui prouve évidemment la vérité de ces assertions. Il me dit avoir laissé sans tailler huit jeunes mûriers qui ne produisaient ensemble que 200 kilog[mes] (4 quintaux) de feuille, lorsqu'ils étaient soumis à la cruelle opération de la taille, mais que, deux ans après en avoir été affranchis, ils en produisirent 400 kilog[mes] (8 quintaux) et de meilleure qualité.

Je vais citer les résultats d'une expérience très importante que M. Imbert du Peirerol, commune de Saint-Etienne-Vallée-Française, a obtenus relativement à la production des mûriers : il y a cinq ans qu'il planta huit mûriers dans un petit lopin de terre, il les tailla tous à l'exception d'un seul ; au bout de cinq ans celui qui n'était pas taillé produisit 10 kilog^{mes} (20 livres) de feuille et les autres seulement 2 $^1/_2$ kilog^{mes} (5 livres) d'une qualité inférieure. Si quelqu'un doute de la vérité de ce fait il peut s'en assurer par lui-même.

Enfin pour confirmer davantage ce qui précède, je vais citer encore un autre exemple très propre à convaincre tout cultivateur raisonnable que la taille est le plus grand fléau qui puisse arriver aux mûriers.

M. Daude, de Saint-Germain-de-Calberte (Lozère), avocat et très instruit dans les sciences rurales et physiques, ayant reconnu depuis longtemps que la taille retardait non seulement l'accroissement des mûriers, mais encore qu'elle abrégeait leur existence en ne leur faisant produire que de faibles récoltes de feuille et de la plus mauvaise qualité; pour s'en assurer il fit planter dans son jardin, il y a huit ans, douze pieds de mûriers à une distance égale les uns des autres, dans des trous uniformément construits; il distribua à chacun d'eux la même quantité de fumier lors de leur plantation à demeure; les ayant ainsi disposés il en désigna six pris indistinctement pour les cultiver d'après les méthodes usitées dans le pays, et il se borna à faire élaguer les autres, ayant soin de faire arrêter la croissance des pousses qui auraient voulu prendre trop d'étendue, en leur appliquant les mêmes principes qu'à l'alizier.

Les heureux résultats que cet agronome a obtenus de ses expériences ont répondu parfaitement à son attente; il éprouva la douce satisfaction de voir les mûriers affranchis de la taille produire au bout de huit ans 60 kilog^{mes} (120 livres) de feuille chacun, et les autres meurtris par la serpe n'en rapporter que 20 kilog^{mes} (40 livres) et encore de plus mauvaise qualité pour l'insecte qui s'en nourrit.

Les cultivateurs ne sont-ils pas étonnés de voir des mûriers fixés dans le sol le plus riche qu'on puisse désirer, tous piochés, fumés, arrosés également, et mêlés entr'eux, montrer tant de différence au désavantage de la taille, car elle retarde aussi beaucoup le grossissement de l'arbre : ceux dont nous venons de parler et qui n'ont point été taillés ont le tronc un tiers plus gros que ceux qui le sont, il en est de même des branches.

Je ne terminerai pas ce premier traité de mon livre qui a pour objet *la meilleure culture du mûrier*, sans assurer mes lecteurs de la vérité des faits que j'y ai consignés, et c'est là la seule prétention de cet ouvrage.

Mes compatriotes qui voudront s'assurer par eux-mêmes de ce perfectionnement n'y trouveront rien qui ne soit facile à imiter et indigne de la plus importante de nos industries agricoles.

FIN DE LA PREMIÈRE PARTIE.

L'ART D'ÉLEVER LE VER-A-SOIE.

CHAPITRE I.

DU VER-A-SOIE ET DE SA NOURRITURE.

Tout le monde en général est convaincu de cette vérité, que les chenilles vivent, se nourrissent et se conservent malgré les gelées de l'hiver et les pluies froides du printemps. Mais il n'en est pas ainsi du ver-à-soie qui, dans nos climats, non seulement ne pourrait prospérer, mais ne vivrait même pas pendant une saison, si l'homme ne prenait tous les soins qu'exigent son développement, son accroissement et son perfectionnement, ce qui prouve évidemment que cet insecte est originaire de climats bien plus chauds que les nôtres : tel est en effet celui importé de la partie méridionale de l'empire de la Chine en Europe, l'an 530 de notre ère.

Il ne vit dans nos climats qu'en état de domesticité, état qui en altérant sa constitution primitive en a produit plusieurs variétés. Il y a des vers de trois mues, qui montent quatre jours plus tôt que ceux qu'on élève dans nos pays, ils font à peu près la même dépense en feuille et produisent des cocons moindres de 2/5, mais dont la soie est plus fine; on en élève beaucoup en Lombardie. Je ne parlerai ici que de l'espèce qu'on élève parmi nous, c'est-à-dire du ver-à-soie de quatre mues, à cocons de moyenne grosseur, laquelle se subdivise en deux autres qui ne diffèrent guère que par la couleur de leur produit.

L'une d'elles, la première qu'on éleva en France et probablement en Europe, donne des cocons dont la couleur varie depuis le roux ardent jusqu'au jaune paille; l'autre importée dans notre patrie vers le milieu du dernier siècle, en donne d'un blanc plus ou moins sale, plus ou moins argenté; la variété blanche, plus prompte et moins dépensière, devrait obtenir notre préférence alors même que son produit cesserait d'être plus grand et d'un prix plus élevé.

Cette cheuille a seize pattes, dix-huit petits trous, marqués par autant de points noirs, dont deux à la tête et un au-dessus de chaque patte. Ce sont ses organes exhalans et aspirans : c'est par eux qu'elle respire. Un museau composé de deux fortes mâchoires cornées dont la couleur varie avec l'âge et produisent, par le rongement de la feuille, ce bruit qu'on entend dans les magnaguières immédiatement après qu'on leur a servi leurs repas, ce bruit, ressemble parfaitement à à celui d'une petite pluie; le corps de cet insecte est cylindrique et divisé en douze anneaux membraneux parallèles, dont le dernier de la partie postérieure est surmonté d'une espèce de petit éperon; sa peau, qui paraît châtain au moment où il vient d'éclore, s'approche journellement du blanc sale qu'elle atteint deux ou trois jours avant sa maturité, et à mesure que la couleur foncée est remplacée par une couleur plus claire, c'est-à-dire à mesure que la peau s'agrandit et que les petits points dont elle est hérissée et qui lui donnent, tant qu'elle est peu considérable, la teinte noirâtre qu'elle a surtout dans les deux premiers âges de l'insecte, s'éloignent l'un de l'autre et tombent jusqu'à la racine. Il paraît sur son dos quatre demi-ronds formant deux parenthèses noires, et sur sa tête un bandeau de même couleur chez les mâles, et très peu apparent chez les femelles.

Le ver-à-soie change quatre fois de peau pendant sa courte vie. Ces changemens qui portent le nom de mues, s'annoncent par un dégoût que précède toujours un appétit vorace. Ce petit animal, que l'on croit généralement aveugle, est pourvu de douze yeux rouges en deux groupes sur la partie cornée de sa mâchoire supérieure; de ce qu'il paraît fuir le grand jour, on a conclu qu'il était privé de la vue, mais cette conclusion est-elle légitime? n'est-il pas infiniment probable que le ver en est pourvu? Le papillon en a-t-il un plus grand besoin, lui qui, durant toute sa vie, ne doit prendre pour tout aliment, que l'air qui de toutes parts l'environne?

Le sang de cet insecte n'est ni rouge ni chaud, aussi sa chaleur est-elle toujours égale à celle de l'air qu'il respire. Il a immédiatement au-dessous de sa tête deux réservoirs destinés à recevoir la matière soyeuse, et unis par une seule filière ou petit trou par lequel il les vide en y faisant passer sa soie quand il veut bâtir son cocon.

La finesse de la soie dépend de la grosseur de la filière, et celle-ci de la chaleur qu'éprouve l'insecte à sa maturité. En sorte que la quantité de cette matière ne dépend pas seulement de la nourriture du ver qui la produit, mais encore de la chaleur qu'il épouve au moment où il doit la produire.

Le ver-à-soie ne quitte guère la place où on le dépose que quand il vient de naître ou quand il veut monter, à moins qu'il ne soit atteint de quelque maladie. Le temps qui s'écoule entre sa naissance et sa maturité, dépend de l'état de la température du lieu dans lequel il se trouve. Bien qu'il ne craigne pas la chaleur, comme on l'a cru généralement, puisque, à trente degrés du thermomètre de Réaumur, l'abbé de Sauvages en a obtenu une parfaite réussite, toutefois, pour avoir une bonne qualité de cocons, il faut qu'il s'écoule au moins trente-cinq jours de la naissance à la montée.

De la nourriture du Ver-à-Soie.

La feuille de mûrier est la seule nourriture qui puisse convenir au ver-à-soie. Cette feuille est composée de cinq substances différentes : 1° le parenchyme, c'est-à-dire les côtes, les fibres, la charpente; 2° la matière colorante; 3° la matière aqueuse; 4° la matière sucrée qui est celle dont le ver forme sa substance, et enfin la matière résineuse destinée à se convertir en soie, que l'insecte élabore et accumule dans les deux réservoirs dont nous avons parlé plus haut.

La feuille est donc plus ou moins bonne, selon qu'elle contient plus ou moins de matière sucrée et résineuse, la meilleure qualité de feuille est celle que produit le mûrier planté dans un terrain léger, sec et exposé au vent, et la plus mauvaise celle que produit cet arbre dans des terrains bas, gras et humides.

La feuille miellée nuit aux vers-à-soie; on ne doit s'en servir que dans un moment de disette, et seulement après l'avoir lavée.

Celle qui n'est que tachée ne leur nuit pas du tout; mais il faut avoir égard aux taches, et leur en donner en plus grande quantité. Un propriétaire prudent et désireux de réussir dans l'éducation des vers-à-soie, doit avoir assez de feuille de sauvageon pour donner à ses vers pendant les deux premières périodes de leur vie, et de la fine pour la veille et le lendemain de toutes les mues, ainsi que pour tout le temps de la montée.

Nous tenons de source certaine qu'en Italie, lorsque des symptômes de maladie se manifestent dans une magnaguière, l'éducateur intelligent en arrête souvent les progrès en donnant à sa chambrée des feuilles de sauvageon.

CHAPITRE II.

DES MAGNAGUIÈRES ET DES RAMIERS.

Le local dans lequel on élève les vers-à-soie influe beaucoup sur leur réussite. Le meilleur emplacement pour une magnaguière est celui qui est le moins exposé à un air stagnant et humide et à la répercussion des rayons du soleil. On doit donc, autant que possible, placer ces bâtimens sur de petites élévations, loin des marais et des rivières dont le cours ne serait pas rapide, afin que l'air y soit moins humide et plus agité. On doit aussi éviter les expositions trop chaudes, telles que le pied d'une montagne vers le couchant ou le midi.

Le nombre des ouvertures des magnaguières dépend de leur longueur. Au-dessous de chaque fenêtre et au niveau du sol doit se trouver un trou ou soupirail de cinq à six pouces carrés.

Les fenêtres ne doivent être fermées qu'avec un châssis de toile, à moins qu'un froid trop violent, un vent humide, une trop forte chaleur, un temps orageux ou les rayons solaires, ne commandent de fermer les volets, et, dans ce cas, il faut avoir soin de renouveler l'air par l'action de la flamme.

Je ne détermine pas la grandeur que doivent avoir les magnaguières, les propriétaires qui veulent en faire construire doivent eux-mêmes en déterminer la grandeur proportionnellement à leurs besoins; il suffit de savoir que les vers-à-soie doivent être très clair-semés dans tous les âges.

Je ne détermine pas non plus le nombre de petits fourneaux ni les cheminées, il suffit également de savoir que leur nombre doit être proprotionné à la grandeur du bâtiment et espacés uniformément pour y entretenir une chaleur convenable, et dans le cas d'un grand froid on peut placer quelques brasiers si on le croit nécessaire.

Dans les deux premiers âges de leur vie, les vers-à-soie occupent peu d'espace, et ayant besoin d'une plus grande chaleur, soit par rapport à la saison, soit par rapport à leur faiblesse, on doit construire dans la grande magnaguière une magnaguière plus petite, afin de n'avoir point à chauffer un vaste local dont on n'a pas encore besoin. Dans cette petite pièce on peut faire éclore les vers-à-soie et les y tenir à peu de frais jusqu'à la deuxième mue.

Eviter l'air humide, l'air stagnant, les rayons du soleil, et entretenir dans sa magnaguière un air pur, sec, suffisamment chaud et toujours légèrement agité, tels sont les objets que doit avoir en vue tout homme qui veut réussir dans l'éducation des vers-à-soie.

Il faut, pour indiquer le degré de chaleur dans une magnaguière, un nombre de thermomètres en rapport à la grandeur de l'atelier, observant qu'il en faut pour le moins deux dans les petites, et un hygromètre pour indiquer l'humidité de l'air et par-là le moment de l'agiter, de le sécher au moyen de la flamme.

L'appartement le plus favorable et le plus commode pour faire le ramier ou le magasin à feuille est le dessous de la magnaguière qui ne doit avoir que peu d'ouvertures, afin qu'elle ne s'y dessèche pas trop promptement : il est nécessaire qu'un ramier soit pavé en briques, et ce pavé devrait encore être recouvert de planches, afin de le garantir de l'humidité du sol. Ce magasin est absolument indispensable. Il est utile d'avoir de la feuille cueillie un jour pour l'autre, quand le temps semble vouloir se mettre à la pluie ; d'ailleurs, cueillie de la veille elle est moins aqueuse et de plus facile digestion; il faut encore qu'elle ne soit pas trop entassée, et qu'on ait soin de la ramuer de temps à autre, pour qu'elle ne s'altère pas en s'échauffant.

CHAPITRE III.

NAISSANCE DES VERS-A-SOIE.

Lorsque le cultivateur voit que la feuille du mûrier aura atteint dans dix jours, le point de végétation qui lui est nécessaire pour être donnée à des vers qui viennent d'éclore, il pèse ses œufs et met la quantité qu'il veut faire éclore dans de petites boîtes qu'il a déjà préparées à cet effet, et commence à tenir un registre où il note tout ce qu'il fait ou observe pendant la vie de ses vers, enfin tout ce qui peut lui être utile à savoir, c'est ainsi qu'il y inscrit le jour et l'heure de la mise de ses boîtes dans l'étuve et le numéro qui doit les distinguer entr'-elles. On recouvre de papier les claies sur lesquelles on place ces boîtes.

Si la température de l'étuve n'était pas à 14 degrés le jour qu'on a fixé pour y mettre les œufs, on y allumerait un peu de feu pour qu'elle montât à cette température qui doit s'y conserver deux jours. Quand le thermomètre indique que l'air extérieur est à plus de 14 degrés on ferme les contrevens de la chambre lorsqu'il fait soleil, et on en ouvre le soupirail ainsi que la porte.

Le 3e jour, la température doit être portée à 15 degrés, le 4e à 16, le 5e à 17, le 6e à 18, le 7e à 19, le 8e à 20, le 9e à 21, les 10e, 11e et 12e à 22.

Les signes de la naissance prochaine des vers sont les suivans :

La couleur gris cendré que les œufs avaient auparavant se rapproche peu à peu du bleu de ciel, ensuite du violet; elle redevient cendrée, puis tirant sur le jaunâtre, et enfin d'un blanc sale.

Si on a mis les œufs de différens propriétaires dans la même étuve, on observera des différences non seulement dans les changemens successifs de couleur, mais encore aux époques de la naissance des vers. Ces insectes provenant d'œufs exposés dans le cours de l'année ou durant l'hiver à une température assez douce, ou de ceux qui ont souffert ce qu'on appelle la macération, naissent quatre ou cinq jours plus tôt, c'est-à-dire à la température de 17, 18, ou 19 degrés. S'ils ont été tenus à une température très froide, ils naissent queljours plus tard.

Le poêle donne à chaque œuf indistinctement la quantité de chaleur qui lui manque pour perfectionner l'embryon et le faire convertir en ver. Lorsque les œufs ont été tenus dans le courant de l'année à un certain degré de chaleur, il en faut moins au poêle pour que les vers se développent. Cela est si vrai et si digne d'attention que, lorsque les œufs ont été tenus, dans l'hiver, à une température de 10 ou 12 degrés ou entassés, ils naissent sans le secours du poêle et spontanément, dès que la chambre où ils se trouvent est un peu échauffée, époque à laquelle le mûrier n'a encore donné aucun signe de végétation. Dans un pareil cas on est obligé de jeter ces vers. Il est donc essentiel de faire attention à cette circonstance, pour prévoir un accident si nuisible. Le peu de retard que peuvent mettre les œufs à éclore n'est pas une perte, tandis qu'au contraire c'en est une grande s'ils anticipent de quelques jours, si, pour retarder leur naissance, on voulait, au moment où ils vont éclore refroidir la température, on nuirait à leur constitution.

Lorsque les œufs prennent une couleur blanchâtre, le ver est déjà formé, alors il faut mettre dessus quelques morceaux de papier blanc percés de beaucoup de trous, de manière à les couvrir tous. Les vers commencent à paraître sur ce papier, en passant par les trous ou en grimpant autour. Pour les recueillir on n'a plus qu'à mettre sur ce papier des petits rameaux de mûrier qui ont trois ou quatre feuilles. On doit en remettre une quantité suffisante pour prendre les vers à mesure qu'ils sortent : si ces insectes ne trouvent pas de feuille, ils sortent de la boîte.

Le premier jour il ne naît que très peu de vers ; s'ils sont en trop petite quantité, il vaut mieux les jeter, parce que, si on les mêlait avec ceux qui doivent naître deux jours après, ils se maintiendraient toujours plus gros et mûriraient plus tôt, ce qui donne de l'embarras.

Pour obvier à cet inconvénient, je propose un autre moyen, qui ne me paraît pas moins salutaire : quiconque veut faire monter les vers de dix onces de graine, doit en mettre douze, afin de ne prendre ni ceux qui naissent le premier jour, ni ceux qui pourraient naître le quatrième, et surtout pour n'être pas obligé de chercher avec trop de soin les traîneurs de la troisième et quatrième mue, qui ne sont jamais les plus vigoureux.

En se conformant à ce conseil on aura toujours des vers égaux et vigoureux.

J'ai préféré les petits rameaux de mûrier aux simples feuilles, parce que j'ai observé que la seule feuille étendue ensuite sur le papier pèse sur le petit ver qui se trouve sous elle. Plusieurs éducateurs ont pu voir que, lorsqu'ils faisaient enlever la litière, il se trouvait sous la feuille des vers qui dépérissaient, n'ayant pas la force de se dégager.

Les vers qu'on aura fait naître par la méthode que j'ai indiquée seront toujours très sains et vigoureux ; ils ne seront ni roux ni noirs, mais bien châtain foncé, qui est la couleur qu'ils doivent avoir.

Pendant le temps que les œufs sont dans l'étuve, il faut les remuer avec la cuiller une ou deux fois le jour : cette opération est d'autant plus utile qu'on approche davantage du moment de la naissance.

Lorsque la température s'élève, dans l'étuve, à 19 degrés, il est avantageux d'y avoir deux plats dans lesquels on versera assez d'eau pour former une superficie d'environ quatre pouces de diamètre. Dans quatre jours il se sera évaporé à peu près douze onces d'eau. La vapeur qui s'élève très lentement modère la sécheresse qui aurait eu lieu dans l'étuve, surtout par les vents du nord : l'air trop sec est nuisible au développement des vers-à-soie.

En se conformant avec soin aux préceptes que j'indique on obtiendra invariablement des vers-à-soie d'une constitution saine et robuste.

Enfin l'expérience m'a démontré que les vers-à-soie doivent marcher avec la feuille et comme elle, si la pousse est tradive elle sera plus rapide, alors il faut hâter leur éducation : en effet, si l'on donne à de jeunes vers de la feuille trop dure, n'étant pas en rapport avec les organes et les besoins d'insectes qui viennent de naître, elle leur occasionne une foule de maux.

M. l'abbé de Sauvages rapporte que la feuille trop nourrie fait périr les chenilles des champs.

CHAPITRE IV.

DE LA NAISSANCE AU SORTIR DE LA PREMIERE MUE, OU PREMIER AGE.

Ainsi que je l'ai prescrit dans le chapitre précédent, pour recueillir les jeunes vers-à-soie au fur et à mesure qu'ils naissent ou sortent de leur coque, placez sur le papier percé, destiné à cette importante opération, des petits rameaux de sauvageon autant qu'on le jugera être nécessaire, et dès qu'ils seront couverts de ces petits insectes vous les prendrez avec un crochet; ce petit instrument de fer recourbé sert très bien pour enlever promptement les petits rameaux chargés de vers et les placer sur les feuilles de papier préparées dans le petit atelier. Avec cet instrument on évite de les prendre avec la main, et par conséquent on n'est pas exposé à en écraser. C'est dans ce petit atelier qu'ils doivent accomplir leur premier âge. Les rameaux doivent être posés de manière qu'il y ait au moins un pouce de l'un à l'autre, et en forme de bande au milieu du canis, afin qu'on puisse aisément éclaircir les vers des deux côtés à mesure qu'ils grossissent. Enfin, pour marcher d'un pas égal, ils ont besoin de manger également, et par conséquent d'être à leur aise, car il faut qu'à tout âge il y ait entre deux vers l'espace nécessaire pour en loger un troisième.

Ainsi que nous l'avons dit précédemment, ces petits animaux ne respirent que par le moyen de dix-huit trous marqués par autant de points noirs dont deux à la tête et un au-dessus de chaque patte, s'ils sont trop épais ou les uns sur les autres et ensevelis dans la litière, ils ne peuvent respirer que très difficilement.

D'un autre côté ces petits insectes n'ayant pas de voie urinaire, ne peuvent se débarrasser de la grande quantité d'eau qu'ils avalent avec la feuille, qu'au moyen de la transpiration, et ils transpirent mal quand ils sont à l'étroit, et surtout quand leur respiration n'est pas libre, c'est de là que vient la menudaille, les petits et les traîneurs. Pour obvier à tous ces inconvéniens tenez vos vers clair-semés, non seulement durant cet âge mais toujours, depuis la coque jusqu'à la bruyère, alors vous aurez des vers sains, égaux et vigoureux qui répondront parfaitement à votre attente.

Le thermomètre, tant que dure cet âge, doit être au 18ᵉ et au 19ᵉ degré, et cela la nuit aussi bien que le jour. Le passage du froid au chaud ou du chaud au froid est une grande cause de non réussite pour les vers qui y sont exposés ; ils ne passent pas impunément du 12ᵉ au 20ᵉ degré. Les nuits étant froides, le feu aurait besoin de réparer la perte de chaleur occasionnée par l'absence du soleil. Par la nécessité absolue d'entretenir un degré de chaleur toujours en rapport avec les besoins de ces insectes, il faut que l'éducateur soit attentif à maintenir les degrés de chaleur dans l'atelier où ils sont déposés.

Si pendant la nuit le magnaguier s'endormait, si ses feux s'éteignaient, la chaleur baisserait et le thermomètre qui marquait 20 degrés, n'en marquant plus que 12 à son réveil, exposerait, par cette transition souvent reproduite, sa chambrée à une source de maux. Que faire pour remédier à un si grand inconvénient ? Dormir pendant le jour les quelques heures que l'on consacrerait au repos durant la nuit ; en supposant que celui qui est chargé de la direction de la chambrée ne puisse pas absolument entretenir dans l'atelier le feu nécessaire tant la nuit que le jour, il faudrait plutôt qu'il se fît aider par quelqu'un, et la dépense qu'il peut faire de plus serait remboursée avec usure.

Les vers ne naissent pas tous le même jour, il faut avoir soin d'écrire sur le bord du canis, le jour et l'heure de leur levée, afin de faire gagner aux jeunes les repas qu'ils ont de moins que les plus vieux ; on activera leur appétit en leur faisant occuper les places les plus chaudes.

Si la température extérieure était basse, s'il faisait froid, si la feuille ne se développait pas, il faudrait graduellement et insensiblement abaisser celle de la magnaguière de 19 à 18, 17, 16 degrés, les vers devant toujours marcher avec la feuille et comme elle.

M. le comte Dandolo prescrit de ne pas leur servir de nouvelle feuille avant qu'ils aient achevé celle qu'on leur a servi ; mais il ne faut pas leur en servir non plus aussitôt qu'ils l'ont achevée ; comme tout autre animal, le ver-à-soie a besoin de digérer sa nourriture.

Il convient d'en laisser sortir la presque totalité avant de leur servir le premier repas, c'est-à-dire les rameaux qui doivent être employés à les transporter sur les canis où ils doivent accomplir leur deuxième âge, car on ne doit jamais les faire manger sur leur vieille couche. Il n'y aurait rien à craindre, quand même il devrait s'écouler vingt-quatre et même trente heures depuis le moment où les premiers vers sont éveillés jusqu'à celui où les derniers pourraient l'être. Si vos vers ne sont pas assoupis trop épais, attendez le réveil de tous pour leur donner à manger, c'est le moyen de les avoir égaux. S'ils s'étaient assoupis épais, il faudrait faire une levée des premiers éveillés : on donnerait ainsi de l'air aux autres; mais il vaut infiniment mieux les laisser s'endormir au large.

Le degré de chaleur pendant la mue n'est pas chose indifférente : s'il fait trop chaud, le ver se dépouille trop promptement, ce qui lui est notablement nuisible; si, au contraire, il fait trop froid, le ver séjourne trop longtemps dans la litière; alors le jeûne et l'humidité peuvent le rendre malade. Vingt-quatre, trente et au plus trente-six heures, tel est le temps que des vers bien conduits doivent mettre à la mue.

Si l'air est stagnant, pesant, non agité, il faut faire de la flamme aux cheminées, afin d'opérer un ébranlement dans ce fluide, et d'en établir la circulation de l'extérieur à l'intérieur.

Votre hygromètre signale-t-il de l'humidité, promptement du feu de flamme dans les cheminées et les fourneaux, des sarmens allumés autour de vos canis.

Un orage se manifeste-t-il, avez-vous à craindre une touffe, fermez vos volets, faites des feux de flamme, promenez votre bouteille purifiante, et agissez ainsi jusqu'à ce que l'orage étant dissipé, vous puissiez sans crainte rouvrir vos fenêtres, et agir comme en temps ordinaire.

Du moyen d'assainir l'air.

L'air malsain, toujours nuisible à l'animal qui le respire, peut être purifié par plusieurs procédés dont nous sommes redevables à la science chimique. L'énorme quantité de miasmes, qui s'élèvent dans nos magnaguières aussitôt que les vers ont acquis un certain volume, y rend insdispensable l'emploi des moyens purifians.

M. le comte Dandolo propose celui d'une composition dont voici les ingrédiens avec leurs proportions respectives :

Six onces de sel de cuisine pilé.

Trois onces manganèse.

Mêlez bien et mettez ce mélange dans une bouteille de verre double.

Ajoutez deux onces d'eau commune.

Dans une autre bouteille, ayez une livre et demie acide sulfurique, vulgairement appelé *huile de vitriol*, et toutes les fois qu'en entrant dans votre magnaguière, vous sentirez l'air moins agréable à l'odorat que ne l'est celui du dehors, versez-en dans la bouteille où est le manganèse jusqu'à ce qu'il en sorte une vapeur blanche, alors promenez-la partout, ayant soin de la tenir au-dessus de votre tête pour ne pas être incommodé par la vapeur qui s'en dégage ; après deux ou trois minutes bouchez la bouteille. L'huile de vitriol a dû produire son effet. Répétez cette fumigation au moins quatre ou cinq fois par vingt-quatre heures, à dater du troisième âge, et plus tôt s'il est nécessaire.

Si la matière se durcit dans la bouteille, délayez-la avec un peu d'eau.

Par ce moyen, vous détruisez les mauvaises odeurs, — vous affaiblissez la fermentation de la litière, — vous neutralisez les miasmes, — vous augmentez l'air vital, — et vous influez sur la santé de vos vers et, par conséquent, sur la qualité de leurs cocons.

On obtient, dit encore le comte Dandolo, les mêmes résultats, à très peu de chose près en remplaçant le sel et le manganèse par 10 onces de nitrate de potasse (nitre du commerce) bien humide; il faut agir pour tout le reste comme dans le procédé ci-dessus.

De la première à la deuxième mue, ou deuxième âge.

L'expérience a démontré à tous les éducateurs de vers, s'ils ont voulu y faire attention, que, lorsque ces insectes sont tenus clair-semés et à une température convenable à leur âge, ils ne traînent point à la mue : ils s'éveillent presque tous en même temps, parce qu'ils s'assoupissent ensemble.

Quand même ils seraient tous éveillés s'ils sont peu épais, comme on doit les tenir pour en avoir satisfaction, il ne faut leur donner à manger que cinq ou six heures après ; en sortant de la mue, ils ont moins besoin de feuille que d'un air pur, sec et légèrement agité, pour sécher leur peau et durcir leurs mâchoires.

Après ce délai, posez légèrement sur vos vers de tendres rameaux de sauvageon ou de petite espèce, autant que possible, et dès qu'ils y seront montés, transportez-les proprement sur les tables où ils doivent accomplir leur second âge, et que vous aurez dû recouvrir de linges propres ; faites-en une au milieu du canis, et ayez soin qu'elle n'en occupe d'abord que la moitié, vos vers devant doubler pendant cet âge; et pour qu'ils soient toujours au large, n'oubliez pas de l'élargir à chaque repas que vous leur donnerez.

On peut désormais couper la feuille moins menue, et fixer à quatre le nombre des repas. Vos vers changés, ôtez la litière, et une partie d'entr'eux pourra dès lors accomplir son second âge à la température qui lui convient, c'est-à-dire de 18 à 19 degrés. Cet âge ne dure guère que sept jours; le quatrième est celui de la *frèze*, et le cinquième celui où il faut déliter, cette opération devant se faire avant que la couche soit garnie de bave et quelques jours avant de devenir malades.

De la seconde à la troisième mue, ou troisième âge.

IMMÉDIATEMENT après que les vers sont bien éveillés, on les couvre doucement de rameaux de feuille fine autant que possible, cueillis sur des arbres vieux plantés dans le terrain le plus maigre, et le plus exposé au vent; on les transporte de la petite dans la grande magnaguière.

On doit avoir chauffé la grande magnaguière avant d'y transporter les vers qui, pendant cet âge, doivent être tenus à une température de 17 à 18 degrés; un peu de paille foulée remplace dorénavant les linges nécessaires pour les deux premiers âges. Les derniers éveillés doivent rester dans la petite magnaguière après qu'on l'a bien nettoyée, afin qu'on puisse, au moyen d'un peu plus de chaleur et de quelques repas intermédiaires, leur faire atteindre les premiers.

Un grand nombre de magnaguiers très distingués, à dater de ce jour, ne coupent plus la feuille, et ne donnent que trois repas à huit heures d'intervalle l'un de l'autre. Comme je l'ai dit plusieurs fois, il faut chaque jour éclaircir les vers-à-soie pour qu'ils puissent manger, se mouvoir, respirer et transpirer à l'aise, et néanmoins je le répète encore, tant je crois cette précaution indispensable à la prospérité de ces insectes.

De la troisième à la quatrième mue, ou quatrième âge.

Lorsqu'ils sortent de la troisième mue, les vers-à-soie, transportés ainsi que nous l'avons dit sur les canis où l'on veut leur faire accomplir leur quatrième âge, ne doivent d'abord en occuper qu'un tiers, attendu qu'ils triplent pendant cet âge, et qu'il faut qu'ils soient toujours à l'aise pour pouvoir réussir.

Les vers commencent à transpirer beaucoup, et déjà même, par un temps serein mais calme, l'hygromètre signale de l'humidité dans la magnaguière. Ayez recours à la flamme, à la chaux vive; n'oubliez pas que vos vers ont besoin d'avoir constamment la peau assez sèche pour se contracter, afin de pouvoir se vider, et que l'humidité qui la distend est le plus grand ennemi de ces insectes. Toutes les fois que vous leur donnerez à manger, alors même qu'il n'y ait pas nécessité de sécher l'air, faites un feu léger dans chacune de vos cheminées; la flamme leur fait un bien sensible dans toutes les circonstances de leur vie. Renouvelez souvent l'air, ouvrez vos fenêtres et vos portes toutes les fois que la température extérieure pourra vous le permettre, et dans le cas où elle s'y opposerait, opérez ce renouvellement par la flamme dans les cheminées et par la bouteille purifiante.

Dans une magnaguière bien dirigée, l'air intérieur doit, à cause de la feuille, être plus agréable à l'odorat que celui du dehors. Et cette bonne odeur n'atteste pas seulement les soins du magnaguier, elle atteste encore la santé de la chambrée, et par cela même est un pronostic de réussite. A cet âge se manifeste chez des vers sains et vigoureux une frèze assez considérable ; à la température sus-indiquée elle a lieu le cinquième jour, et le sixième est celui où il faut déliter.

De la quatrième mue au monter, ou cinquième âge.

TOUTE personne, en élevant des vers-à-soie, aspire à avoir des cocons, son attente est trompée si elle ne réussit pas. Eh, que de causes de non réussite ! que d'attentions, que de peines, que de veilles, nécessitent la couvaison des œufs et l'éducation des vers dans leurs deux premiers âges ! Et ces peines, ces soins seraient entièrement perdus, si l'on se relâchait dans les deux qui le suivent, et surtout si l'on ne redoublait d'attention pendant les dix ou douze jours qui séparent la dernière mue du moment où ils ont terminé leur cocon. Un magnaguier prudent doit donc pendant le cinquième, soigner ses vers avec d'autant plus d'exactitude et d'attention, que de ces soins peuvent dépendre son profit ou sa perte. Les vers-à-soie qui périssent jeunes n'ont pas fait de dépenses, mais ceux qui périssent au moment de produire emportent avec le prix de la feuille celui des travaux qu'ils ont nécessités.

A mesure que les vers grossissent, on voit se déclarer

contr'eux des symptômes de maladies très graves occasionnées par des causes qui sont infiniment au-dessus de l'intelligence humaine, de sorte que si nous possédons quelques faibles notions des principes avec lesquels ces insectes doivent être élevés, nous en sommes redevables à la science chimique et aux nombreuses expériences que plusieurs illustres éducateurs de ce précieux insecte ont faites, et qui influent très éminemment à leur prospérité ; tous ces grands hommes qui ont écrit relativement à l'importante éducation de l'insecte fileur ont reconnu qu'une grande multitude de maladies viennent les assaillir principalement lorsqu'ils sont parvenus à leur plus haut point d'accroissement et de perfection, de sorte qu'au moment de nous enrichir par le moyen de leur précieux produit et lorsque nous nous y attendons le moins, quelques-unes de ces maladies auxquelles les vers-à-soie sont sujets viennent les assaillir et les mettre hors d'état de pouvoir filer une grande quantité de cocons, encore sont-ils de mauvaise qualité. Pour éviter tant de diverses maladies qui affligent ces précieux insectes dans toutes les périodes de leur existence, il faut travailler à découvrir l'origine des causes qui les produisent et les moyens de les prévenir, et comme tout le monde en général est convaincu de cette vérité qu'il n'y a point d'effets sans cause, aussi lorsque les vers-à-soie sont atteints de quelque maladie, il faut en attribuer la faute à la mauvaise éducation que le magnaguier leur a administrée : ce qui le prouve c'est que nous avons vu très souvent que dans la même année et dans le même lieu, plusieurs magnaguiers ont très bien réussi et les autres non. Dans ce cas cette non réussite ne peut pas être attribuée au dérèglement de l'air, attendu que ceux qui ont bien réussi ont été exposés aux mêmes intempéries de l'atmosphère, et que par conséquent on ne doit attribuer cette non réussite qu'à l'ignorance du magnaguier.

D'après ce que je viens de décrire ci-dessus, tout éducateur jaloux de bien élever ses vers-à-soie doit étudier les vrais principes d'après lesquels ils doivent être conduits, depuis la sortie de la coque jusqu'à la bruyère ; se bien pénétrer surtout des causes qui nuisent à leur santé, et des moyens dont on doit faire usage pour prévenir ces funestes maladies.

J'observe à mes lecteurs bienveillans que les causes des maladies qui assaillent ces précieux insectes sont en très grand nombre, mais pour ne pas entrer dans de trop longs détails, je me bornerai à n'en décrire que quatre : 1° l'humidité provenant de la transpiration des vers et de l'évaporation de la feuille ; 2° l'air malsain ou méphytique ; 3° l'humidité de l'air extérieur ; 4° l'électricité qui se trouve en grande quantité dans l'air atmosphérique des temps orageux.

PREMIÈRE CAUSE.

L'humidité provenant de la transpiration des vers et de l'évaporation de la feuille.

On a observé que quand le vent du nord souffle, la

réussite des vers-à-soie est à peu près générale; que le contraire à lieu quand c'est le vent du sud; que c'est presque toujours dans le cinquième âge que périssent les chambrées des magnaguiers ignorans qui n'ont pas su se préserver de l'humidité intérieure, augmentée par celle du dehors. Ces petits insectes, pour qui la contractibilité des muscles et une transpiration continuelle sont des conditions nécessaires de santé, et par conséquent de réussite, se trouvant tout-à-coup plongés dans une espèce de bain de vapeur qui, distendant leurs fibres, relâchant leur peau, ramollissant tout leur être, leur ôte la faculté de transpirer et d'expulser leurs excrémens, et par là les force à garder dans leur corps des matières qui ne sauraient y séjourner sans leur nuire, périssent quelque vigoureux, quelque sains qu'ils fussent auparavant. Votre hygromètre signale-t-il de l'humidité dans vos magnaguières? employez contre cette redoutable cause les moyens que nous avons indiqués pour la vaincre. (Voyez chapitre IV.)

DEUXIÈME CAUSE.

L'air malsain ou méphytique.

L'air, dans vos magnaguières, est-il vicié, gâté? Dans ce cas employez la bouteille purifiante, promenez-la souvent autour des canis, laissez-la même ouverte, tantôt à l'un des coins de l'atelier et tantôt à l'autre, et ayez soin de faire renouveler l'air intérieur, soit par les soupiraux, soit par les fenêtres, en ôtant les châssis si le temps est beau, soit par la flamme dans les cheminées s'il ne l'est pas, soit enfin par tous ces moyens à la fois, si le cas l'exige.

Jusqu'ici bien des personnes ont cru purifier l'air de leur magnaguière en y brûlant quelques substances végétales dont la combustion répand une odeur qui flatte l'odorat. Ce procédé n'est pas seulement inutile, il est nuisible en ce qu'il produit un effet tout contraire à celui qu'on croyait en obtenir. Sans doute, après avoir brûlé du thym, du serpolet, du romarin, du genièvre, etc., l'on sent dans la magnaguière une odeur différente de celle qu'on y sentait avant d'avoir brûlé ces substances; mais pourquoi? parce que la dernière odeur domine et masque la première. Loin d'être plus pur, l'air est plus malsain. Car cette combustion de végétaux odoriférans a consumé de l'air vital (oxigène) et dégagé de l'air méphytique (acide carbonique) qui nuit étrangement aux vers qui le respirent.

Le vinaigre qu'on répand sur des corps en état d'incandescence produit le même effet.

TROISIÈME CAUSE.

L'humidité de l'air extérieur.

Nous avons déjà dit que des vers-à-soie et de la feuille qu'on leur donne s'exhalait une grande quantité de vapeurs aqueuses qui rendaient l'air des magnaguières humide par un temps serein. Que ne doit-ce pas être quand, à cette humidité intérieure, vient se joindre celle de l'extérieur? La bouteille purifiante, des feux de flamme non seulement aux cheminées, mais à tous les fourneaux et autour des canis, la chaux vive placée en abondance dans tous les coins de l'atelier, tels sont les moyens que vous devez mettre en œuvre pour combattre l'humidité de votre magnaguière, et n'oubliez pas que vous devez vaincre cette cause redoutable, sous peine de voir périr votre chambrée sous ses terribles coups. Un air pur, sec, suffisamment chaud et légèrement agité, sont les conditions nécessaires d'une réussite.

QUATRIÈME CAUSE.

L'électricité qui se trouve en grande quantité dans l'air atmosphérique dans les temps orageux.

L'électricité joue un très grand rôle dans la nature, et néanmoins elle est encore bien peu connue. Toutefois on n'ignore pas qu'elle concourt à la prompte putréfaction des viandes, qu'elle fait tourner le lait qu'on vient de traire, et, ce qu'on sait bien aussi, c'est qu'il est fort dangereux que le tonnerre gronde et surtout qu'il éclate au moment où l'on vient de ramer; alors les vers tombent et leur chute que l'on attribue généralement au bruit de la foudre, n'est que le résultat de l'effet qu'a produit sur eux l'électricité dont la foudre est la conséquence. L'abbé de Sauvages démontre que, par un temps serein, les plus violentes secousses, imprimées à l'air de la magnaguière, ne produisent sur eux aucun fâcheux effet. Or, n'est-il pas naturel de conclure que c'est à l'électricité dont le tonnerre indique la présence, et non au tonnerre lui-même, que sont dus les désastres qui trop souvent ont lieu dans les chambrées mal conduites, et ce qui nuit tant au ver-à-soie à une certaine époque de sa vie, ne doit-il pas lui nuire toujours ?

Si donc vous voyez se former un orage assez près de vous pour que vous puissiez en craindre les effets, agissez comme il vous est prescrit au chapitre quatrième du présent ouvrage, et n'attendez pas pour agir que la foudre ait éclaté, car alors une partie du danger n'existe plus, chaque coup de tonnerre, chaque éclair tendant à détruire l'amas d'électricité qui le constitue et duquel il résulte. Avant que l'orage se décide la touffe se fait sentir, le temps est bas, lourd, pesant, la chaleur suffoquante : c'est le moment de se mettre à l'œuvre et le cas de travailler avec ardeur.

A présent que nous avons indiqué les moyens dont nous devons faire usage pour vaincre les causes qui sont si nuisibles à la prospérité de nos précieux insectes, voyons maintenant comment nous devons les conduire de la quatrième mue au moment où ils doivent monter.

Après avoir placé les vers sur une bande, au milieu du canis où ils doivent accomplir leur cinquième âge, il faut aussitôt déliter pour préparer la place de ceux qui doivent l'accomplir où ils ont fait la mue. Pendant cette opération promenez la bouteille purifiante, ouvrez les châssis si le temps est sec et serein : sinon faites de la flamme dans vos cheminées.

Donnez-leur trois ou quatre repas, selon que vous le voudrez, et mesurez-en la dose sur leur appétit. Il est fort important de ne pas trop les rassasier pendant les jours qui suivent la mue, si l'on veut leur voir acquérir une constitution vigoureuse ; comme aussi il est toujours essentiel de leur donner le temps de digérer leur repas pour qu'ils en puissent bien élaborer les diverses substances. Faire de la flamme dans les cheminées, toutes les fois qu'on leur donne à manger, est une excellente pratique qu'on fera bien de suivre. Si l'air extérieur est humide, les feux de flamme doivent être continuels, mais beaucoup plus petits afin de ne pas lui communiquer un trop fort mouvement.

A la température de 15 à 16 degrés, température prescrite pour cet âge, les vers monteront le neuvième jour ; dans ce cas il faut déliter le cinquième et le huitième, c'est-à-dire la veille de la grande frèze et celle du jour où l'on doit ramer. Si le temps était humide il faudrait, pour prévenir la fermentation de la litière et par là les terribles maladies qu'elle engendre, opérer un troisième délitage entre les deux derniers ; on déliterait, dans ce cas, quatre fois durant cet âge, c'est-à-dire le premier, le quatrième, le sixième et le huitième jour après la mue.

CHAPITRE V.

DU RAMAGE.

Les vers mûrs, il faut ramer et le faire de telle sorte que les cabanes n'aient pas plus d'un pied de largeur, afin que les vers n'aient pas trop de chemin à faire, que la bruyère ne soit pas trop épaisse, pour que l'air puisse y circuler librement, et l'insecte s'y loger sans peine; enfin, que les rameaux ouverts en éventail, forment une courbe qui les unisse d'une cabane à l'autre, au-dessous du canis et ne soient jamais placés de manière à exposer les vers à périr en tombant sur le carreau.

Les distributeurs de feuille doivent suivre ceux qui donnent le bois, mais ils ne doivent en distribuer que peu, l'appétit des vers ayant beaucoup diminué et leurs forces digestives baissé à tel point que leurs excrémens ont presque la couleur et le goût de la matière dont ils sont formés, ce qui démontre qu'elle n'a pas été décomposée dans leur corps.

Du moment qu'on a terminé le ramage il faut faire

attention à deux choses bien essentielles : la première, d'approcher de la bruyère les vers mûrs ; la seconde, de distribuer souvent quelques feuilles à ceux qui ne le sont pas encore. Ces soins peuvent avoir les plus heureux résultats.

Le ver ne monte que quand il n'a plus besoin de manger ; il en est cependant qui mangent avec furie, même après leur maturité, et qui périssent gorgés de feuille, alors qu'ils auraient fait un bon cocon, s'ils avaient été placés sur le bois par la main d'une personne vigilante.

Pendant ces derniers jours, que les thermomètres et les hygromètres soient souvent consultés. Chassez avec soin de votre magnaguière l'air humide, froid ou méphytique ; que la température s'y maintienne entre 16 et 17 degrés.

Un air froid durcit la matière soyeuse au point que, ne pouvant pas passer par les filières rapetissées par la même cause, le ver tombe et devient court ; un air humide l'empêche de contracter sa peau, et par conséquent d'évacuer ses excrémens et de vomir sa soie ; et ce n'est pas encore là tout le mal qu'il produit : en lui enlevant le pouvoir de transpirer, il engendre la muscardine et l'épidémie des morts blancs ou flats. Un air vicié est toujours funeste.

Trente ou trente-six heures après avoir ramé, si la chambrée a été bien conduite, et si d'ailleurs on a eu soin de placer sur le bois les vers mûrs, et de donner souvent quelques feuilles à ceux qui ne l'étaient pas, il ne restera que peu de vers dans les cabanes. Il convient alors de les en retirer et de les porter dans une chambre sèche où le thermomètre soit entre le 18ᵉ et le 19ᵉ degré; là on doit leur donner en même temps de la feuille et du bois : c'est le moyen d'en tirer le meilleur parti possible. Si l'on n'a pas d'appartemens pour les loger, il faut, après les avoir bien séchés et échauffés au soleil, les ramer dans un coin de la magnaguière.

Des vers sains et vigoureux, dans une magnaguière sèche et à une température de 16 à 17 degrés, ont terminé leurs cocons en trois jours et demi, et plus tôt si la température est plus élevée; il leur faut plus de temps, s'ils ne sont pas bien sains, s'ils sont exposés au froid ou à l'humidité; mais dans ce cas même, six ou sept jours après que les derniers auront été enlevés des cabanes, on pourra déramer; quand les cocons sont faits, rien ne presse tant que de les vendre. La chrysalide se sèche, et dans les quatre premiers jours qui suivent celui où ils auraient pu être vendus, jour que je fixe au septième à dater du déramage, ils perdent trois pour cent de leur poids. On voit par là combien il est avantageux d'avoir des vers égaux, afin que l'on puisse les ramer ensemble et vendre leur produit le même jour.

CHAPITRE VI.

MANIERE DE FAIRE LA GRAINE. — NAISSANCE DES PAPILLONS, ET LEUR ACCOUPLEMENT. — SÉPARATION DES PAPILLONS, ET DÉPOSITION DES OEUFS FÉCONDÉS. — DE LA CONSERVATION DES OEUFS.

Pour que la graine ne soit pas imparfaite, il faut prendre les cocons qui sont de couleur paille pâle, les plus durs, surtout aux deux extrémités où le tissu semble plus fin ; ceux qui ont une espèce d'anneau ou cercle rentrant qui les serre dans leur milieu, et qui ne sont pas les plus grands.

Les petits cocons très durs aux extrémités, et un peu serrés au milieu, indiquent que le ver a eu beaucoup de force, puisqu'il a pu attacher sa bave longtemps et la contourner souvent dans les points les plus éloignés les uns des autres, ce que n'aurait pas fait un ver-à-soie faible.

Lorsqu'on choisit les cocons pour les œufs, beaucoup de personnes les secouent les uns après les autres pour entendre si la crysalide bat un coup sec contre les parois du cocon, et, d'après cela, elles décident qu'elle y est et qu'elle est saine.

Il n'y a point de signes certains pour distinguer les cocons qui doivent donner les papillons mâles de ceux qui contiennent les femelles ; mais les moins trompeurs et les plus reconnus sont les suivans :

Le cocon le plus petit, pointu d'un ou des deux côtés, et serré dans son milieu, contient ordinairement un mâle; celui qui est très rond aux extrémités, contient en général une femelle.

Conservation des Cocons à donner les Œufs.

La conservation des cocons destinés à reproduire des œufs est une opération importante. L'expérience démontre que, si la température est au-dessus de 18 degrés, la conversion de la chrysalide en papillon se fait trop rapidement, et qu'alors les accouplemens sont moins féconds.

Si elle se trouve au-dessous de 15 degrés, le développement du papillon a lieu trop tard, ce qui est aussi nuisible. On doit donc faire en sorte que la température de la chambre où on place les cocons soit toujours de 15 à 18 degrés; on donnera la préférence aux chambres du premier. Si la chambre n'est pas sèche, la chrysalide en souffre et le papillon est faible.

Dès qu'on a rassemblé les cocons choisis pour les œufs, et qu'on les a étendus sur un pavé sec ou sur les tables, une personne leste doit les dépouiller l'un après l'autre du reste de bourre qu'ils peuvent avoir.

Cette bourre ne fait pas partie essentielle du cocon; on l'enlève parce que non seulement cela rend le cocon plus propre et moins susceptible de se salir, mais aussi pour que le papillon, en sortant, n'ait pas les pattes embarrassées dans cette bourre dont il ne se déferait que très difficilement.

Aussitôt que l'opération est finie, on place les cocons choisis sur des tables, par couches de trois travers de doigt au plus, afin que l'air puisse s'y insinuer et passer partout, et qu'on n'ait pas besoin de les remuer souvent.

Si on les entasse trop, les cocons qui sont dessous ne sont pas remués, et peuvent alors devenir trop humides et nuire à la chrysalide.

Si la chaleur de la chambre destinée à cet usage est à plus de 18 degrés, et qu'on ne veuille pas transporter ailleurs les cocons, on doit au moins tenter de diminuer la chaleur, en tenant parfaitement fermé du côté que vient le soleil. Il faut établir de temps en temps des courans d'air, afin de chasser l'humidité qu'exhalent les chrysalides. Il est aussi utile de remuer les cocons chaque jour, quoique peu entassés, si l'atmosphère se maintient longtemps humide; mais si la température monte à 20 ou 22 degrés, il faut de suite transporter les cocons dans une chambre plus fraîche. Les températures moyennes sont toujours les plus convenables pour soigner les vers, les chrysalides et les papillons.

Si la chambre n'est pas sèche, l'humidité, qui est toujours nuisible aux vers, l'est alors à la chrysalide et la fait changer en papillon faible.

Naissance des Papillons et leur accouplement.

Si les cocons qu'on a choisis pour en obtenir des œufs sont tenus à une température de 15 degrés, les papillons commencent à naître après quinze jours; si on tient les cocons entre 17 et 18 degrés, ils commencent à sortir après onze ou douze jours.

Dans le premier cas, il faut à peu près quatorze ou quinze jours pour que tous les papillons soient sortis; dans le second, ils ne mettent que dix ou onze jours.

Les changemens de température depuis 14 jusqu'à 19 degrés font un peu varier ce calcul.

Ainsi que je l'ai dit plus haut, on reconnaît que les papillons commenceront bientôt à naître quand les cocons sont humides ou mouillés à l'extrémité où se trouve la tête du papillon.

La chambre où naissent les papillons doit être obscure,

ou du moins il ne doit y avoir que la clarté à peine suffisante pour y distinguer les objets.

Les papillons ne sortent pas en grand nombre le premier ni le second jour; ils naissent pour la plupart dans les 4ᵉ, 5ᵉ, 6ᵉ et 7ᵉ jours, selon le degré de température du lieu où sont placés les cocons.

Les heures auxquelles les papillons percent les cocons en plus grande quantité sont les trois ou quatre premières après le lever du soleil. Il en naît bien peu dans toutes les autres heures du jour, si la température est de 14 ou de 15 degrés; si elle est de 18 degrés, il en sort davantage.

Dans les journées où il en naît le plus, on voit, d'une heure à l'autre, que la superficie des cocons en est presque couverte. Quelques personnes pensent que les premiers qui sortent sont mâles, pour moi, j'ai vu qu'il y a parmi ceux-là des mâles et des femelles, et je ne crois pas qu'il y rien de certain à ce sujet.

Les papillons mâles, à peine sortis du cocon, montrent un très grand désir de s'accoupler aux femelles.

Voilà la meilleure manière de favoriser la naissance et l'accouplement des papillons.

Ainsi que je l'ai déjà dit précédemment, les papillons commencent à sortir du cocon aussitôt qu'il est jour. Leur sortie n'est pas aussi grande dans la première et la deuxième heure que dans la troisième et la quatrième.

Lorsqu'on voit les papillons accouplés, on les place sur des espèces de châssis couverts de toile faits exprès, de manière à pouvoir facilement changer la toile lorsqu'elle est sale.

L'accouplement parfait s'annonce par des tremblemens qu'on distingue au mâle qui est sur la femelle.

Il faut agir avec beaucoup d'attention lorsqu'on enlève les papillons accouplés. On les prend par les ailes pour ne pas les séparer, et si cela arrive, on les remet sur les tables des papillons de son sexe.

Lorsqu'on a rempli une petite table de papillons accouplés, on les transporte dans une chambre un peu grande, fraîche, assez aérée, et qu'on puisse rendre bien obscure. On place ces petites tables par terre ou à toute autre part.

Après avoir employé les premières heures de la journée à lever et à transporter les papillons accouplés, on s'occupe à accoupler les mâles et les femelles qui se trouvent séparés sur les tables. On lève alternativement les mâles et les femelles, et on les met ensemble sur d'autres châssis, qu'on transporte dans la chambre obscure.

Au bout d'un certain temps on peut très facilement connaître s'il y a plus de femelles que de mâles. La femelle se distingue aisément par sa grandeur et la grosseur de son ventre, qui est presque le double de celui du mâle.

On ne doit laisser entrer dans la chambre obscure que le peu de lumière qu'il faut pour distinguer les objets; plus il y a de lumière, plus les papillons sont agités et troublés dans leurs opérations : cet élément est pour eux un très fort stimulant qui les inquiète.

Il est difficile d'empêcher que les papillons mâles ne battent des ailes. Lorsqu'ils font ce mouvement, il se sépare de leurs ailes une grande quantité d'une espèce de duvet qui fait beaucoup de poussière, qui s'attache partout et incommode même la respiration; si on n'avait le soin de modérer ce mouvement par l'obscurité il en résulterait une destruction presque totale de leurs ailes, et par conséquent une grande perte de leurs forces vitales.

Dans le temps qu'on transporte les papillons accouplés et qu'il en naît d'autres, il faut avoir le soin d'enlever continuellement les cocons percés, parce que, comme ils sont mouillés, ils communiquent leur humidité à ceux qui ne le sont pas.

Le papier même qui est sur les claies se salit facilement; il faut alors changer les morceaux salis, afin de tenir propre, autant que possible, les claies et les cocons, pour éviter que l'air de la chambre ne se corrompe.

Lorsque la température est chaude, les soins doivent être assidus pendant toute la journée, parce qu'il naît toujours des papillons, qu'il y a toujours des accouplemens, et qu'on trouve dans ces accouplemens quelques mâles ou quelques femelles de reste.

Séparation des Papillons et Ponte.

PARMI les papillons il y a toujours plus de mâles ou plus de femelles.

S'il y a plus de mâles, il faut les jeter ; s'il y a plus de femelles, on peut leur donner des mâles qui aient été déjà accouplés. Il faut avoir grand soin, lorsqu'on sépare les accouplés de ne pas endommager les mâles. J'ai dit précédemment qu'il est utile de noter l'heure à laquelle les accouplemens ont lieu parce que le mâle ne doit rester sur la femelle que six heures. Ce temps écoulé, on prend les deux papillons par les ailes et le corps et on les sépare doucement, ce qui peut se faire avec facilité.

Il faut placer sur des châssis tous les mâles qui ne sont plus accouplés ; on choisit ensuite les plus vigoureux, et on les place sur les femelles qui, jusqu'alors, en avaient été privées. Si pour le besoin du moment, on a plus de mâles vigoureux qu'il n'en faut, et qu'on prévoie qu'ils pourront servir dans la suite, on doit les conserver dans la boîte de réserve, où on les tiendra dans l'obscurité.

Lorsque je m'aperçois que je puis avoir besoin de mâles, je ne les laisse accouplés, la première fois, que cinq heures au lieu de six.

Il paraît que les femelles ne souffrent pas, quoiqu'elles attendent le mâle pendant plusieurs heures ; il n'en résulte alors que la perte de quelques œufs non fécondés.

Si l'on veut conserver vigoureux les mâles pour le temps de l'accouplement, il faut toujours avoir soin qu'ils ne battent pas trop des ailes.

Avant de séparer les deux sexes, il faut préparer, dans une chambre fraîche, sèche et aérée, les linges sur lesquels le papillon doit déposer ses œufs.

Lorsqu'on a tout bien préparé, se rappelant que la chambre doit être sèche, et ne doit avoir de clarté que ce qu'il en faut pour pouvoir agir, on désunit avec délicatesse les papillons accouplés pendant six heures, on met les femelles sur les châssis, on les porte sur la toile à la chambre où sont les chevalets, et on les y place l'une après l'autre, en commençant par le haut du chevatel jusqu'au bas. On continue cette opération au fur à mesure qu'on trouve des femelles qui ont été accouplées le temps convenu.

On doit noter chaque fois, l'heure à peu près à laquelle on dépose les papillons sur la toile, ayant soin, autant que possible, de tenir séparés ceux qu'on met après, pour ne pas les confondre.

Ainsi que je l'ai dit, le temps durant lequel il sort un plus grand nombre de papillons commence à six ou sept heures du matin. En conséquence les accouplemens se font à peu près à huit heures, et, vers les deux heures après midi, il faut détacher les mâles et les mettre au lieu indiqué.

On doit agir pour les femelles qui ont eu un mâle vierge de la même manière que pour celles qui ont eu celui qui avait été accouplé cinq heures.

On peut laisser les femelles sur la toile 36 ou 40 heures sans les toucher.

Le papillon rend, dans les premières 36 ou 40 heures la plus grande partie des œufs qu'il contient; ceux qui viennent ensuite ne sont plus à peu près que la sixième partie de ceux déjà rendus. Il y a cependant quelques papillons qui en fournissent plus du sixième après les premières 36 ou 40 heures.

De toutes les différentes méthodes en usage pour obtenir les œufs, celle que j'ai exposée en procure une plus grande quantité.

Lorsqu'après les 36 ou 40 heures, on a ôté les papillons d'une partie du linge, si on s'aperçoit qu'il n'est pas bien garni d'œufs, il faut y placer d'autres femelles, afin que les papillons se trouvent également distribués sur tout le linge.

Quelques papillons se promènent sur le linge, et quelquefois même ils s'éloignent : cependant, en général, ils restent fixes sur le lieu où on les place, ou ils s'en écartent peu.

Lorsque la saison ou la température de la chambre est trop chaude, c'est-à-dire qu'elle est à 20 ou 21 degrés, ou quand elle est trop froide, c'est-à-dire à 14 ou 15 degrés, on trouve plus ou moins d'œufs jaunes ou non fécondés, ou d'un jaune roussâtre mal fécondés, qui ne produisent pas de vers.

Conservation des Œufs.

Lorsque les œufs fécondés ont acquis la couleur grise et que les linges sont bien secs, on doit s'occuper des moyens de les conserver.

On peut laisser quelques jours, dans la même chambre, les linges sur lesquels les œufs sont déposés pourvu qu'elle ne soit qu'à 15 ou 16 degrés. Si la température se trouvait plus chaude, il faudrait les placer dans un endroit plus frais.

Lorsque la saison est chaude, on voit que plusieurs vers-à-soie naissent dans les premiers 10 ou 15 jours, à compter du jour que la ponte a eu lieu. Certaines années j'en ai vu naître plusieurs dans ce court délai, et quelquefois je me suis aperçu que ces œufs appartenaient presque tous à une même femelle. Cette précocité n'est d'aucun inconvénient, elle dépend de la conformation particulière de l'embryon ou de la coque. L'œuf duquel est sorti le ver se reconnaît bientôt par sa couleur blanche, et parce qu'il reste attaché au linge.

On trouve sur les linges où sont les œufs beaucoup de matières excrémentitielles déposées par les papillons. Ces ordures ne sont pas nuisibles aux œufs, pourvu qu'on ait soin de n'enlever les linges que lorsqu'ils sont parfaitement secs.

La forme des linges sur lesquels on recueille les œufs est très commode pour les conserver. Les bandes de toile qu'on enlève de dessus les chevalets se plient en huit doubles, qui ne doivent former qu'à peu près un pied de largeur.

Ces linges, ainsi pliés, se mettent dans des endroits frais et assez secs, dont la température, dans l'été ne doit pas être au-dessus de 15 degrés, et ne pas descendre à zéro dans l'hiver.

Si on craint qu'il ne gèle dans le lieu où on a placé les œufs on y met un thermomètre ou un peu d'eau dans un plat. Lorsque l'eau n'y gèle pas on peut laisser les linges dans ce lieu jusqu'au mois de mars suivant.

Pendant la saison chaude, il faut donner un coup d'œil aux linges, tous les dix ou quinze jours. Il arrive quelquefois que, lorsque les œufs sont trop amoncelés dans une partie du linge, et que beaucoup d'excrémens s'y trouvent mêlés, il s'y fait une espèce de fermentation et il s'y développe des insectes qui gâtent les œufs et s'en nourrissent; si on les visite dans l'été de temps en temps on s'en aperçoit de suite. On y remédie et on les replie comme avant : je n'ai trouvé qu'une seule fois deux de ces inscetes dans un de ces linges.

Pour conserver les linges toujours à l'air frais, on les place dans un châssis de corde qu'on attache à la voûte ou au plancher d'un lieu frais et sec. De cette manière les linges ont de l'air de tous côtés, les souris ne peuvent pas les atteindre, et ils se conservent très bien. On doit les visiter à peu près tous les mois.

Les œufs s'altèrent dans un lieu humide, et les vers-à-soie qu'ils produisent ne sont pas vigoureux.

Lorsqu'on a perdu des couvées entières, et qu'on est remonté à l'origine du mal, on a facilement découvert que les œufs avaient été tenus dans un lieu humide, qu'on n'avait pas imaginé pouvoir être la cause de cette perte.

Si on soupçonne que le lieu où l'on met les œufs n'est pas sec, on peut le vérifier avec l'hygromètre.

9

Je ne terminerai point ce chapitre sans observer à ceux qui font grainer des cocons, que s'ils veulent prendre la peine après les avoir dépouillés de leur bourre, de les encorder et les placer ensuite sur des perches suspendues horizontalement, la chrysalide qui aime que son enveloppe soit exposée à un air sec et suffisamment chaud pour pouvoir opérer sa transformation en papillon avec plus de facilité, nul doute que cette méthode ne soit plus favorable pour la prospérité du ver-à-soie que celle qui consiste à placer les cocons par couches sur des tables, par la raison que les cocons étant ainsi amoncelés sont plus exposés à l'humidité et par suite à la fermentation, ce qui peut nuire notablement à la métamorphose de la chrysalide en papillon.

D'après cela je conseille à ceux qui font grainer de les encorder et les suspendre comme je l'ai déjà dit, persuadé qu'ils seront largement rétribués de la peine qu'ils prendront de plus.

CHAPITRE VII.

DES MALADIES DES VERS-A-SOIE DANS LEURS DIFFÉRENS AGES, DES CAUSES QUI LES PRODUISENT, ET DES MOYENS DE LES PRÉVENIR.

Les vers-à-soie étant réduits, dans nos climats, à l'état de domesticité, nous n'avons, pour en retirer beaucoup d'avantages, qu'à ne contrarier le moins que possible leur nature, nous serons alors certains de ne les voir jamais atteints de maladie dans les trente-cinq jours à peu près qu'il leur faut pour arriver à verser le précieux produit qui enrichit notre pays.

Maladies qui dérivent de l'imperfection des Œufs et du défaut de soins apportés à leur conservation.

Ces maladies surviennent aux vers-à-soie :

1° Lorsque la chambre destinée à la naissance des papillons, à leur accouplement et à la ponte, est trop froide, l'humeur fécondante ne se perfectionne pas, ou ne se développe qu'en petite quantité, à une température de 10 à 12 degrés, et par conséquent n'agit pas assez sur les œufs pour qu'ils acquièrent tous la couleur cendrée vive qui seule indique, après quinze ou vingt jours, leur parfaite fécondation. Les œufs non fécondés ne produisent pas de vers, et ceux qui le sont mal portent avec eux le germe des maladies qui font succomber l'insecte dans le cours de sa vie.

2° Lorsque la température de la chambre est trop chaude (20, 22 degrés) ; à cette température si le mâle tarde à s'accoupler, il perd inutilement beaucoup de son humeur fécondante ; si on l'unit à la femelle, lorsqu'ils sont l'un et l'autre à peine sortis du cocon, la femelle n'a pas en général le temps d'évacuer les matières liquides et pesantes dont elle surabonde. Il en résulte qu'il s'établit du désordre dans la constitution de la femelle, et que l'humeur fécondante du mâle se trouve affaiblie par son mélange avec cette surabondance d'humeurs dans la femelle, ce qui rend celle-ci moins propre à féconder.

3° Lorsque le local où l'on fait éclore les œufs est trop humide.

La stagnation de l'humidité qu'il y a dans l'œuf altère plus ou moins l'embryon, et engendre dans la suite des maladies analogues à celles dont j'ai parlé plus haut;

4° Lorsque le local où l'on conserve les œufs est aussi trop humide, l'embryon souffre toujours, l'humeur contenue dans la coque ne s'évaporant pas bien.

5° Lorsqu'on garde les œufs trop entassés.

Dans ce cas, quoique le local soit sec, l'évaporation des œufs n'a pas lieu uniformément, ni même le contact de l'air, d'ailleurs les œufs s'échauffent et s'altèrent même à une basse température.

Aucune maladie n'a lieu.

1° Lorsque la température de la chambre où on tient les papillons est maintenue entre le 16me et le 19me degré.

2° Lorsque la chambre est assez sèche.

3° Quand les œufs occupent trois pieds carrés de surface seulement, par once, sur les linges où ils ont été déposés.

4° Lorsque les linges sur lesquels sont les œufs ne sont pliés qu'en six ou huit doubles au plus.

Maladies qui attaquent les Vers-à-Soie lorsqu'on n'a pas rempli exactement les conditions que j'ai indiquées pour les faire bien éclore, quoique les œufs fussent bons et bien conservés.

Ces maladies assez nombreuses et mortelles ont lieu:

1° Si l'embryon prêt à devenir ver sous une température modérée est tout à coup exposé à un degré de chaleur beaucoup plus élevé. Alors son développement se trouve sensiblement plus avancé; les parties qui le composent s'altèrent, et sa couleur qui, au moment où il vient d'éclore, aurait dû être chatain foncé, se trouve plus ou moins rouge, signe certain d'altération et de maladies futures.

2° Si l'embryon est exposé à une température plus basse au moment d'éclore. Dans ce cas, le développement est retardé, et les organes délicats de cet insecte, restent dans une humidité froide qui le fait beaucoup souffrir. Le dommage est alors relatif à la durée de cet état de l'embryon, il est extrême s'il dure plusieurs heures.

3° Quand les vers-à-soie, venant d'éclore, sont exposés à une température plus élevée que celle de la chambre où ils sont nés. La forte évaporation que la chaleur provoque altère leurs organes délicats, surtout lorsqu'ils n'ont pas encore mangé.

4° Lorsqu'au contraire on laisse les vers-à-soie, à

peine éclos, longtemps exposés à une température beaucoup plus froide que celle où ils étaient. Si cet état ne dure que quelques heures le danger n'est pas grand ; mais s'il continue un jour ou plus, ces insectes s'affaiblissent, mangent peu et ont de la peine à se rétablir.

Les altérations et les maladies dont je viens de parler n'ont pas lieu :

1° Si les œufs dans l'étuve n'ont été d'abord qu'à une température de 14 ou 15 degrés, tous les jours, jusqu'à ce que l'éclosion ait été accomplie.

2° Si on a tenu les vers-à-soie à une température d'à peu près 19 degrés.

3° Si, en les transportant ailleurs, on a eu soin de les préserver de l'impression des vents, surtout de ceux qui sont froids et secs.

Des maladies auxquelles sont sujets les Vers-à-Soie dans les quatre premiers âges, par la mauvaise manière de les élever.

Avec la manière ordinaire d'élever les vers, les maladies dans les quatre premiers âges ont lieu :

1° Lorsqu'ils sont si près l'un de l'autre, qu'ils ne peuvent pas manger commodément selon leur besoin, comme, par exemple, si sur un espace où 10,000 vers peuvent être à leur aise on veut en mettre des milliers de plus; il est évident qu'un grand nombre de ces insectes mangeront mal ou peu ; il en résultera une différence notable dans leur développement , et on en verra de gros et en bonne santé , mêlés avec de petits et souffrans.

Cette différence , qui devient d'autant plus grande que la cause se prolonge, engendre des maladies et produit la mort de beaucoup d'entre eux.

2° Lorsque l'usage de tenir les vers trop épais est plus ou moins général dans un établissement, il en résulte non seulement de l'inégalité dans la nutrition, mais même dans le temps de leur assoupissement. On voit dans le même temps des vers qui dorment, d'autres qui sont éveillés, et d'autres qui ont encore besoin de manger avant de s'endormir. Pour faire manger ceux qui ne sont pas encore assoupis, on continue à répandre de la feuille sur une litière déjà humide. Les premiers assoupis se trouvent alors ensevelis entre la vieille litière et la nouvelle; ils restent constamment entre des corps humides et se couvrent d'excrémens. Cet état altère beaucoup leurs organes surtout si la litière est très humide et chaude.

3° Lorsque l'air de l'atelier n'est pas renouvelé et que l'humidité y séjourne, il en résulte deux grand maux. Le premier est que la transpiration diminue; le second, que la litière fermente, ce qui augmente la chaleur, l'humidité, corrompt l'air, alors le ver s'affaiblit, et je dirai même qu'il se cuit. Ces maux s'aggravent si l'air extérieur est humide.

4° Lorsqu'il se joint aux causes indiquées une saison pluvieuse qui mouille la feuille, si on la met sur les claies sans être bien sèche, elle peut dans tous les susdits âges, activer la fermentation de la litière et augmenter l'humidité de l'atelier. Si dans cet état il ne soufflait pas des vents du nord secs qui expulsassent l'humidité, la constitution des vers s'altèreraient dans peu de temps.

Ces pertes n'ont jamais lieu :

1° Si on a soin de distribuer les vers sur des espaces proportionnés à leur quantité.

2° En renouvelant l'air des ateliers et les tenant secs par les moyens que j'ai déjà indiqués.

3° Si on a soin de cueillir la feuille quelque temps avant qu'elle soit nécessaire, et si elle est bien sèche. Si malgré toutes ces précautions; la saison devient très mauvaise, et que la feuille ne soit pas de bonne qualité, il faut pendant deux ou trois jours abaisser la température de l'atelier à 16 ou 15 degrés au plus enfin que les vers mangent moins et prolongent, pour quelques jours, leurs premiers âges. Il est également utile de laisser flétrir un peu la feuille, afin qu'elle contienne moins d'humidité.

Maladies graves qu'occasionne aussi la mauvaise éducation dans le cinquième âge.

Dans le cinquième âge, les vers-à-soie sont plus exposés à des maladies graves, presque toutes différentes de celles des autres âges. Ces insectes étant alors déjà gros, l'éducateur s'afflige à juste raison de les voir périr, puisque son espoir était grand, et que ses pertes sont plus fortes. Nous verrons bientôt que ce n'est aussi que la mauvaise méthode généralement adoptée qui cause ces maladies.

Le ver-à-soie mange, en proportion du poids qu'il acquiert, une quantité de substances végétales fraîches qu'on peut dire énorme, comparée à celle que mangent les autres animaux domestiques.

Le ver-à-soie croissant en proportion du poids qu'il acquiert, mange une quantité de substances végétales fraîches qui contient beaucoup d'eau excédante et des matières étrangères dont il a besoin de se débarrasser. Voici ce qui arrive :

Cet insecte n'a proprement ni poumons ni organes urinaires. Le seul moyen qui lui reste, après le tube intestinal, est celui de la transpiration cutanée. Il peut bien évacuer, par ce moyen, l'eau et les substances acides et alcalines qui sont en dissolution, mais n'ayant pas la faculté d'uriner, comme font les animaux domestiques herbivores, il reste dans son corps une partie des substances terreuses qu'il a prises par les alimens, et qui s'y accumulent insensiblement, ce dont nous avons la preuve, puisqu'il les évacue mêlées à des substances acides et alcalines quand il est devenu papillon. Il résulte de là que, si, par manque de soins, la transpiration de cet insecte s'arrête, il se fait en lui certaines attractions chimiques, et c'est à ces attractions qu'on doit attribuer les diverses maladies du cinquième âge.

Les diverses maladies qui affligent les vers-à-soie, principalement dans leur cinquième âge, sont :

1° Les passis.

2° Les arpians ou luzettes.

3° Les gras, les jaunes ou porcs.

4° La muscardine.

5° Les tripés ou morts blancs.

Des Passis.

Les passis sont des vers qui ne s'emplissent pas et qui s'éloignent de la litière et de la feuille. Cette maladie, qui ne se manifeste guère que dans le second âge, rend ces insectes chétifs, maigres effilés et sans vigueur ; on ne s'aperçoit de ses ravages que par le peu d'accroissement de la chambrée.

Les Arpians ou Luzettes.

Les arpians ou luzettes ne sont que des passis qui, moins attaqués que ceux qui périssent à la première ou à la seconde mue, traînent leur débile existence jusqu'à la troisième, à la quatrième et quelquefois jusqu'au monter.

Les arpes, à la troisième et quatrième mue, ont les pattes longues et grosses; elles s'attachent si fortement aux objets qu'on ne peut les en séparer qu'avec effort, enfin elles n'ont jamais de crotin. Les luzettes ne font jamais qu'une misérable peau, alors qu'elles ne sont pas tout-à-fait hors d'état de filer.

Des gras et des jaunes ou Porcs.

Cette maladie, la seule dont parle le célèbre Vida, se déclare communément à la seconde mue. Certains auteurs disent que les jaunes du cinquième âge ne sont que les gras des quatre premiers.

Mes nombreuses expériences m'ont prouvé le contraire. Les causes des gras des quatre premiers âges ne sont pas les mêmes que celles qui produisent les jaunes du cinquième âge; ayant toujours soupçonné que la cause des gras provenait du trop de nourriture, et voulant m'en assurer, je pris une fois un petit rameau chargé de vers qui venaient d'éclore, je le plaçai près du feu, je leur servis jusqu'à dix repas par jour, et comme la chaleur est un puissant excitant à l'égard des vers-à-soie, il mangeaient sans cesse et devinrent d'une grosseur extraordinaire, mais presque tous furent atteints de la jaunisse, et le petit nombre qui résista à cette cruelle maladie ne fila qu'une misérable peau.

Voulant également m'assurer si c'était uniquement le trop de nourriture ou le trop de chaleur qui les pourrissaient, je pris un rameau chargé de vers qui venaient également d'éclore, je le plaçai dans mon atelier au même degré de température que les autres, je les traitai tous de la même manière, avec la différence que je leur servais dix repas par jour, de sorte qu'ils devinrent si gros que ceux de l'année précédente (que j'avais choisis pour servir d'exemple), mais ils jaunirent presque tous, et ceux qui échappèrent à cette funeste maladie ne filèrent que quelques mauvais cocons.

D'après ces résultats il faut convenir que la grosserie provient de l'excès du manger.

Monsieur Benjamin Cauvi attribue cette maladie à la nourriture que mangent les vers à l'époque des mues et de la maturité, il croit par conséquent qu'on peut la prévenir en les sevrant à propos, et il avance même qu'un jeûne rigoureux peut rendre à la santé ceux qui en seraient atteints, pourvu que leur liqueur ne soit pas encore troublée.

M. le docteur Fontana prétend opérer la guérison des jaunes en les tenant *une minute* plongés dans du vinaigre.

Faites éclore vos vers-à-soie à l'étuve, tenez-les clair-semés, faites-les marcher comme la feuille, donnez-la-leur tendre et sèche, délitez souvent pour prévenir toute humidité et par là toute fermentation de la couche, ayez soin que l'air de votre magnaguière soit sec, pur, suffisamment chaud et un peu agité, et vous préviendrez la grosserie et la jaunisse, que vous chercheriez vainement à prévenir par le sevrage de M. Cauvi, ou à guérir par le jeûne du même auteur et le vinaigre de M. Fontana.

De la Muscardine.

M. L'abbé de Sauvages croit que c'est à notre cupidité qu'on doit attribuer l'existence de cette maladie, attendu que son apparition parmi nous ne date que de l'époque où les mûriers s'y étant beaucoup multipliés, on a voulu élever le produit de vingt onces dans le même local où l'on avait jusqu'alors élevé celui de dix. Dans ce temps-là on faisait de petites chambrées dans de grandes magnaguières, l'on n'avait point de *muscardins*. Maintenant le contraire arrive : on fait de grandes chambrées dans de petits appartemens, et l'on a ce qu'on n'avait point alors.... des *muscardins*.

M. B. Cauvi attribue la cause de cette funeste maladie à la fermentation de la litière, et il présente comme remède infaillible, pour préserver ces précieux insectes de l'atteinte de cette maladie, l'usage du chlorure de chaux en prescrivant en même temps d'en saupoudrer les *canis* avant d'y placer les vers-à-soie, et non pas seulement après la quatrième mue, mais depuis la seconde, et cela toutes les fois que vous déliterez.

Ainsi que je l'ai déjà dit, M. L'abbé de Sauvages

attribue l'existence de cette cruelle maladie à la faute grave que nous commettons de tenir les vers-à-soie trop épais sur les claies, parce qu'ils ne peuvent alors se mouvoir ni transpirer ou manger à leur aise, leur santé ne peut qu'en être gravement altérée.

Mais peut-on conclure d'après ces deux célèbres éducateurs que les inconvéniens que nous venons de citer sont seuls la cause de l'existence de la muscardine qui vient les assaillir principalement dans leur cinquième âge ?

L'expérience a démontré que cette maladie ne s'est pas bornée à étendre son fléau parmi les grandes chambrées ni dans les appartemens les plus peuplés de ces précieux insectes ; elle ne s'est pas non plus bornée à les étendre dans les appartemens les plus humides et les plus exposés à la fermentation de la litière. Elle exerce ses ravages et ses calamités indistinctement partout et méprise toutes les précautions que la prudence peut inspirer aux plus intelligens éducateurs.

La muscardine a commencé depuis très peu de temps à étendre son fléau dans les hautes parties des Cevennes et dans les lieux, à ce qu'il paraît, les plus favorables à la prospérité de l'insecte fileur, tant sous le rapport de la bonne nutrition, que sous celui de la douce température de l'air qui influe si éminemment à l'accroissement et au développement du ver-à-soie.

—

Des tripés ou Morts blancs, ou encore Morts flats.

Cette maladie à laquelle succombent les vers ne se manifeste guère qu'au cinquième âge.

Plusieurs auteurs croient que les causes qui l'occasionnent sont exactement les mêmes que celles qui déterminent la muscardine, et que nous pouvons nous en garantir par les mêmes moyens, d'autres en attribuent les causes :

1° A la touffe qui se manifeste dans l'atelier ;

2° D'autres au relâchement des fibres de l'insecte, produit par l'humidité ou par l'aspirition du gaz acide carbonique dégagé par la litière en fermentation ;

3° Enfin d'autres à la feuille suante, malpropre ; telles sont les causes, disent-ils, de cette maladie des tripés ou morts flats.

L'expérience a démontré à l'auteur de ce petit ouvrage qu'ils sont dans une complète erreur et très inconséquens encore de vouloir prescrire des remèdes pour prévenir les maladies des vers-à-soie, tandis qu'ils ne connaissent pas eux-êmes les causes qui les produisent.

Les exemples que je vais citer persuaderont à tout le monde que les causes de la maladie à laquelle succombent les vers-à-soie, qu'on appelle tripés ou morts blancs, proviennent de la mauvaise éclosion.

Je rapporterai ici que mon père possédait un domaine

assez considérable, occupé en partie par de supperbes mûreraies, produisant un feuillage très favorable à la nutritoin des vers-à-soie. Mais malgré la bonne qualité de feuille et les soins assidus que nous prenions pour élever ces insectes avec succès, nous en voyions paraître chaque année dans notre atelier, lors de leur cinquième âge, un grand nombre atteints de cette maladie, sans savoir d'où pouvait provenir les causes de ce terrible fléau qui faisait tant de ravages non seulement dans notre chambrée mais encore parmi celles de nos voisins. Quoique mon père fût un éducateur très distingué dans ce temps-là il ne connaissait pas d'autres méthodes que la chaleur humaine pour faire éclore ces précieux insectes; il était impossible aux éducateurs les plus prudens et les plus intelligens de pouvoir déterminer un degré de chaleur toujours en rapport avec les besoins de l'embryon, sur le point de passer de ce dernier état à celui de ver.

Si, au lieu d'activer sa naissance par une progression très modérée de chaleur, on l'expose à un degré de température décroissante, ce passage du chaud au froid altère sa faible constitution, il lui est impossible alors de supporter une si étrange transition sans que sa santé en soit notablement altérée.

De sorte que, pendant tout le temps que nous avons fait usage de la funeste méthode de faire éclore à la chaleur humaine, nous avons vu paraître chaque année des vers atteints de la maladie dont nous parlons, et elle n'a cessé d'avoir lieu que depuis que nous avons répudié tôutes les anciennes méthodes, et que nous avons adopté la nouvelle qui consiste à les faire éclore à l'étuve.

Les heureux résultats que les éducateurs de ces précieux insectes ont obtenus confirment hautement l'excellence de cette méthode.

Je vais citer un autre exemple qui a eu lieu dans un petit domaine appelé Comberuge, que je possède du chef de mon épouse, situé dans la commune de St-Etienne-Vallée-Française (Lozère), placé sur le demi-penchant d'une colline ; l'air y est très bon pour le ver-à-soie, ainsi que la qualité de feuille que les mûriers y produisent, enfin le local est exposé à un air doux et si bienfaisant que la touffe n'y altère jamais la santé des insectes.

Il y a quelques années, mon fermier me dit qu'il ne réussissait pas les vers-à-soie en m'observant que dans la chambrée il apercevait, lors du cinquième âge, des vers tripés ou morts blancs ou morts flats. Pour m'instruire d'où pouvait provenir cette maladie, je lui conseillai de confier une partie de la graine à éclore à un autre éducateur, et d'en faire éclore lui-même le restant, ce qu'il fit en effet. Sur six onces d'œufs qu'il avait destinés pour l'exploitation de mon petit feuillage, il en donna trois onces à un de mes voisins pour les faire éclore, et il retint l'autre partie de la graine pour la faire éclore. Du moment que les uns et les autres furent éclos, il les réunit tous dans le même local, mais il eut le soin de ne pas les mêler, et les soigna tous de la même manière. Il arriva que, lorsqu'ils furent tous parvenus à leur cinquième âge, la partie qui avait été éclose par les soins de l'éducateur auquel mon fermier l'avait confiée n'eût point de vers tripés ou morts blancs ou morts flats, et dans la partie éclose chez le fermier il se déclara beaucoup de vers atteints de la maladie dont il s'agit.

Cette expérience prouve évidemment que cette maladie, qui fait tant de ravages dans nos chambrées, vient de l'éclosion attendu que des vers provenus de la même graine, nourris à la même table, servis de la même feuille et logés dans le même appartement n'en furent point atteints. A quoi pourrait-on autrement attribuer la cause de cette funeste maladie?

Tout démontre que les diverses maladies qui affligent ces précieux insectes depuis leur naissance jusqu'à la bruyère sont produites par trois causes principales: 1° L'altération de la semence, lorsqu'elle a été mal conservée ou transportée de loin sans précaution; 2° Si on n'a pas bien procédé pour faire éclore les œufs dans la chambre chaude; 3° Si on n'a pas bien soigné les vers depuis le moment de leur naissance, c'est-à-dire si on les a laissés longtemps à une température trop froide, ou qu'on les ait négligés pendant les mues.

On ne verra jamais paraître ce grand nombre de maladies: 1° Lorsque les vers seront tenus clair-semés sur les claies, de manière qu'ils puissent tous bien respirer et transpirer;

2° L'air extérieur de l'atelier sera toujours au degré de chaleur que j'ai déterminé;

3° Lorsqu'on ne laissera pas d'air stagnant dans l'atelier, et qu'au contraire on maintiendra continuellement l'air dans une douce et lente agitation ;

4° Lorsqu'on aura soin de faire de la flamme à propos, quand l'air extérieur est humide, stagnant et l'évaporation de l'intérieur abondante;

5° Lorsqu'on aura soin de tenir l'atelier toujours bien éclairé, la lumière étant le plus précieux excitant de la nature vivante ;

6° Quand on ne laissera jamais les litières sur les claies plus longtemps que je l'ai prescrit pour éviter la fermentation ;

7° Quand aura soin de ne distribuer jamais que de la feuille bien séchée ;

8° Lorsqu'on emploîra la bouteille purifiante, dont les vapeurs détruisent les mauvaises émanations.

Ce que je viens de dire suffit pour prévenir toutes ces maladies.

FIN DE LA SECONDE PARTIE.

AVIS ET CONCLUSION.

Lorsqu'il s'agit d'un art aussi directement lié avec l'intérêt des familles, un auteur ne saurait trop prendre soin de rendre familière la connaissance des faits qui sont relatifs à cet art.

La feuille du mûrier est une mine capabe d'enrichir nos pays, mais il faut que cet arbre soit convenablement cultivé, afin qu'il puisse produire un feuillage favorable à la nourriture de l'insecte fileur auquel il est spécialement destiné.

Ainsi qui je l'ai dit précédemment dans le courant de cet ouvrage, l'art d'élever le ver-à-soie étant intimement lié à celui de cultiver le mûrier, attendu qu'ils ne sont d'aucune utilité l'un sans l'autre, je voudrais inspirer à mes concitoyens le désir de se livrer à cette industrie qui est la plus importante que nous puissions connaître dans la partie de l'Europe que nous habitons.

Je vous conseille dans votre intérêt et dans celui de vos familles d'adopter et de mettre en pratique les méthodes que j'ai consignées dans cet ouvrage. Je suis persuadé que si vous faites bien attention aux heureux résultats que j'ai obtenus de mes expériences vous reconnaîtrez que tout ce que j'ai prescrit relativement à la culture du mûrier et à l'éducation du ver-à-soie est conforme aux lois prescrites par la nature.

Si vous vous conformez ponctuellement à mes préceptes vous verrez vos mûriers prospérer avec plus d'avantage qu'ils ne l'ont fait jusqu'à présent, et vous verrez aussi vos vers jouir d'une meilleure santé, et les uns par le moyen des autres vous rapporter des récoltes de cocons plus annuelles et plus abondantes.

TABLE DES MATIÈRES

CONTENUES DANS CET OUVRAGE.

Pages.

Dédicace aux habitans des Cevennes.............. v

Avertissement de l'auteur.......................... vij

CHAPITRE PREMIER.

Introduction historique à la culture du mûrier....... 1

CHAPITRE SECOND.

Des diverses espèces de mûriers, y compris le noir... 2

CHAPITRE TROISIÈME.

De la greffe....................................... 11

CHAPITRE QUATRIÈME.

De la feuille, de sa cueillette et du bourgeonnement.... 13

CHAPITRE CINQUIÈME.

Taille, élagage et émondage des mûriers............. 16

CHAPITRE SIXIÈME.

Des maladies du mûrier, de leurs causes et des remèdes à y apporter.................................. 23

CHAPITRE SEPTIÈME.

Des climats où le mûrier et le ver-à-soie peuvent prospérer.................................. 30

CHAPITRE HUITIÈME.

Des causes du rabougrissement des mûriers et des moyens de leur faire reprendre leur première vigueur 35

CHAPITRE NEUVIÈME.

Méthode de culture des mûriers qui a la faculté de leur faire produire pendant longtemps la plus grande quantité de feuille possible, et de la meilleure qualité pour la réussite de l'insecte fileur. 39

L'ART D'ÉLEVER LE VER-A-SOIE.

CHAPITRE PREMIER.

Du ver-à-soie et de sa nourriture. 53

CHAPITRE SECOND.

Des magnaguières et des ramiers. 58

CHAPITRE TROISIÈME.

Naissance des vers-à-soie. 61

CHAPITRE QUATRIÈME.

De la naissance au sortir de la première mue, ou premier âge. 65

CHAPITRE CINQUIÈME.

Du Ramage. 83

CHAPITRE SIXIÈME.

Manière de faire la graine. 86

CHAPITRE SEPTIÈME.

Des maladies des vers-à-soie dans leurs différens âges, des causes qui les produisent et des moyens de les prévenir. 98

Avis et conclusion. 117

FIN DE LA TABLE.

www.ingramcontent.com/pod-product-compliance
Ingram Content Group UK Ltd.
Pitfield, Milton Keynes, MK11 3LW, UK
UKHW020918180726
13838UKWH00002B/614

9 782329 413549